CACHOEIRA
— DO MACHADO —

Editora Appris Ltda.
1.ª Edição - Copyright© 2025 dos autores
Direitos de Edição Reservados à Editora Appris Ltda.

Nenhuma parte desta obra poderá ser utilizada indevidamente, sem estar de acordo com a Lei nº 9.610/98. Se incorreções forem encontradas, serão de exclusiva responsabilidade de seus organizadores. Foi realizado o Depósito Legal na Fundação Biblioteca Nacional, de acordo com as Leis nos 10.994, de 14/12/2004, e 12.192, de 14/01/2010.

Catalogação na Fonte
Elaborado por: Josefina A. S. Guedes
Bibliotecária CRB 9/870

M433c 2025	Matos, Alex Cachoeira do Machado / Alex Matos. – 1. ed. – Curitiba: Appris: Artêra, 2025. 266 p. ; 23 cm. ISBN 978-65-250-7420-7 1. Ficção brasileira. 2. Relações humanas. 3. Nostalgia. I. Título. CDD – B869.3

Appris editorial

Editora e Livraria Appris Ltda.
Av. Manoel Ribas, 2265 – Mercês
Curitiba/PR – CEP: 80810-002
Tel. (41) 3156 - 4731
www.editoraappris.com.br

Printed in Brazil
Impresso no Brasil

ALEX MATOS

CACHOEIRA
DO MACHADO

Curitiba, PR
2025

FICHA TÉCNICA

EDITORIAL	Augusto V. de A. Coelho
	Sara C. de Andrade Coelho
COMITÊ EDITORIAL	Marli Caetano
	Andréa Barbosa Gouveia (UFPR)
	Edmeire C. Pereira (UFPR)
	Iraneide da Silva (UFC)
	Jacques de Lima Ferreira (UP)
SUPERVISORA EDITORIAL	Renata C. Lopes
PRODUÇÃO EDITORIAL	Adrielli de Almeida
REVISÃO	J. Vanderlei
DIAGRAMAÇÃO	Amélia Lopes
CAPA	Danielle Paulino
REVISÃO DE PROVA	Ana Castro

SUMÁRIO

CAPÍTULO 1..7

CAPÍTULO 2: Conhecendo as pessoas............................17

CAPÍTULO 3: Das primeiras investigações......................26

CAPÍTULO 4: Riacho da Cachoeira do Machado.................30

CAPÍTULO 5: Mistério na Cachoeira............................36

CAPÍTULO 6: O Beijo...40

CAPÍTULO 7: Dossiê..45

CAPÍTULO 8: Algo sobre Luiz..................................52

CAPÍTULO 9: Noite longa para Lana...........................57

CAPÍTULO 10: Noite nublada...................................62

CAPÍTULO 11: Quem teria feito isso?..........................67

CAPÍTULO 12: Londres...74

CAPÍTULO 13: A chegada de Jorge, Vicente e Raul............81

CAPÍTULO 14: Enterro de Carlos...............................88

CAPÍTULO 15: Os sentimentos afloraram.......................92

CAPÍTULO 16: Prosseguem as investigações....................97

CAPÍTULO 17: Volta a Londres................................104

CAPÍTULO 18: Problemas na Capital...........................109

CAPÍTULO 19: O que está acontecendo, Antônio?..............114

CAPÍTULO 20: Antônio e Simone saem em férias...............121

CAPÍTULO 21: O misterioso Sr. Gregório......................133

CAPÍTULO 22: Revelação de Lana..............................141

CAPÍTULO 23: Vicente vai à pesca............................147

CAPÍTULO 24: Missão Cairo.. 156

CAPÍTULO 25: Visita do Delegado 161

CAPÍTULO 26: Dia de pescaria 170

CAPÍTULO 27: Paula realiza seu primeiro desejo............................ 180

CAPÍTULO 28: A tentativa de resgate 191

CAPÍTULO 29: Lana se revela 199

CAPÍTULO 30: Pescaria em alto mar 212

CAPÍTULO 31: Desmantelamento...217

CAPÍTULO 32: Resolvendo todas pendências 231

CAPÍTULO 33 262

CAPÍTULO 1

Mais uma manhã ensolarada na Fazenda São Jerônimo, situada na região leste da Capital, na zona rural de Adnaura, ou seja, mais um dia típico e de muito trabalho, como era de costume.

Do Casarão Sede da Fazenda São Jerônimo tem-se vista do pátio principal, entrada, celeiros e demais construções que a cercam, características das fazendas de produção de grãos e frutas e criação de equinos e bovinos.

Dr. André, advogado renomado na região, homem sério com idade aproximada de sessenta e cinco anos, mas muito ativo, moreno, cabelos grisalhos, estatura mediana e encorpada, se encontrava na varanda, absorvido por lembranças da época em que ajudava seu pai a formar tudo aquilo que se perdia em sua vista. Tempos difíceis e de muita labuta, de quando conheceu sua amada e falecida esposa Lurdes, de seus dois filhos, João Alberto e Luiz, brincando em frente ao casarão.

— Dr. André, o café está servido — Informou Mercedes, a mais antiga funcionária do Casarão, responsável por tudo que ali acontecia, que se tornou a melhor amiga de Lurdes.

— Obrigado, Mercedes, — respondeu Dr. André — já estou indo;

— Estava viajando no tempo? Perguntou a governanta;

— É verdade, isto está se tornando cada vez mais constante, mas vamos ao saboroso café, você preparou aquelas broas maravilhosas?

— Claro, estão quentinhas.

O Casarão mantinha uma frente belíssima, contando com uma escadaria dos dois lados que davam acesso a varanda. Uma bela porta de madeira rústica, estilo colonial, de duas folhas que dava entrada para uma sala hexagonal adornada por quadros lindíssimos, mobília estilo colonial e um lustre de cobre com detalhes em cristal na forma de lindas gotas.

Ao lado esquerdo, uma porta que nos remete ao escritório do Dr. André, com um tapete vermelho com pelo menos oito milímetros de espessura, uma mesa de dois metros de jacarandá, cadeiras estilo colonial, dois sofás em tecido fino, vinho, contando com uma mesa de centro, uma estante que absorve toda a parede dos fundos, repleta de livros das mais diversas linhas do conhecimento, sendo certo que as duas fileiras centrais restavam reservadas aos livros de direito.

As quatro janelas dão a dimensão do tamanho do escritório.

Novamente retornando à sala principal, ao lado direito, temos duas outras portas, sendo que uma nos remete a outra sala, de proporções um pouco menores, recepcionando móveis mais modernos, sendo um sofá em semicírculo de couro branco, tapete marrom com 8 milímetros de espessura por quase a totalidade da sala, um belo móvel que ampara o aparelho de televisão, além de ornamentos como abajures, quadros e plantas.

A outra porta do lado direito nos remete a um corredor onde estão localizados os oito quartos da casa, elegantes e confortavelmente mobiliados, todos com suíte, medindo, aproximadamente 16 metros quadrados cada quarto, exceção feita ao quarto do Dr. André, o qual mede, aproximadamente, 30 metros quadrados.

Aos fundos da sala principal temos a porta que nos remete a sala de jantar, contando com uma mesa de madeira maciça e cadeiras estilo colonial para 22 pessoas, um bufê ornando com a mesa e cadeiras, um enorme espelho com moldura estilo colonial.

Mais ao fundo da referida sala de jantar, se encontra a cozinha, lugar preferido pelos membros da casa, totalmente equipada com o que há de mais moderno, porém, não abrindo mão do velho fogão à lenha próximo a porta dos fundos, onde Mercedes, a governanta e cozinheira, prepara os mais diversos quitutes de causar água na boca.

Todos os ambientes eram ricamente ornamentados por plantas e flores locais o que majorava a beleza dos mesmos.

Cada cômodo possui um lavabo que, embora guarde o estilo colonial, são de beleza dificilmente descritível.

Poucos instantes após sentar-se à mesa da cozinha para saborear o seu café matinal, Dr. André escutou os passos firmes no assoalho de madeira perfeitamente conservado, certamente, João Alberto já havia se levantado para iniciar sua lida.

— Bom dia, Papai, como passou esta noite?

— Graças a Deus, meu filho, consegui dormir bem...

— É, mas levantou muito cedo, pelo visto. — asseverou Mercedes — Quando me levantei para preparar o café ele já estava na varanda, perdido em pensamentos.

— Papai, vou ligar para o Dr. Cícero e marcar uma consulta para o senhor, seria muito bom fazer alguns exames para saber o que está acontecendo.

— Não se preocupe, meu filho, farei uma visita ao Cícero ainda esta semana.

— Tem certeza que não vai inventar uma desculpa qualquer para não ir?

— Pode deixar, desta vez eu irei ao consultório, sem desculpas (risos);

— Por falar nisso, meu filho, como estão as negociações para a venda dos grãos da próxima safra?

— Já está quase tudo finalizado, papai, acredito que, quando o senhor retornar, a minuta do contrato já esteja em sua mesa.

— Ótimo. E quanto ao gado?

— No final do mês tem um leilão em Luizilânia, vou até lá para ver se arremato mais algumas cabeças. O Antônio já está fazendo a manutenção dos caminhões para trazer o gado que pretendo adquirir;

— Entendi. Bom, agora preciso ir para o escritório para analisar os casos que irei defender na Capital na próxima semana, no almoço conversaremos mais.

— Tudo bem, eu também preciso correr as produções, retorno para o almoço. Sua benção, meu Pai;

— Que Deus lhe abençoe, meu filho.

João Alberto era um homem de 28 anos, moreno, com 1,85m, cabelos pretos e lisos, olhos verdes herdados de sua saudosa mãe, forte como o pai, respeitado e admirado por todos os trabalhadores da Fazenda e todos que o conheciam por ser honesto, trabalhador, companheiro e gentil.

Ao descer para o pátio em frente à entrada do Casarão, João Alberto encontrou seu cavalo Tufão já selado. O animal chamava atenção por onde passava pelo seu porte e sua beleza, fazendo jus ao nome recebido, preto como a noite, crinas longas e sempre escovadas, pelos sempre limpo e brilhante.

— Bom dia, Tufão, pronto para mais um dia de trabalho, meu amigo?

Tufão respondeu ao seu dono e amigo com um relincho e batendo a pata direita dianteira no solo, em sinal de felicidade em ver João Alberto.

João Alberto montou em Tufão e iniciaram sua jornada pelas terras da Fazenda, a qual poderia se levar mais do que um dia e uma noite, a cavalo, para percorrer toda sua extensão.

Próximo do horário do almoço, João Alberto resolveu retornar ao Casarão, porém, antes passaria próximo ao riacho formado por uma das cachoeiras existentes na fazenda, com o fito de refrescar-se um pouco e deixar Tufão beber água.

Era um lugar lindíssimo, com flores das mais diversas cores e variedades, um gramado baixo que se estendia até a margem do riacho, o qual apresentava água límpida, cristalina e refrescante advinda da Cachoeira do Machado, um verdadeiro paraíso.

Após alguns minutos contemplando o local e molhar seu rosto e cabelos, João Alberto levantou-se e, em direção a Tufão, observou que havia um volume estranho na margem oposta do riacho o que lhe chamou a atenção, fazendo com que se deslocasse até lá.

Ao chegar, João Alberto se assustou ao ver uma jovem caída ao solo, desacordada. Procurou ajeitá-la com todo cuidado, verificando que a mesma possuía inúmeros ferimentos e hematomas, porém estava respirando. Sem pensar muito, assoviou para Tufão, o qual chegou rapidamente.

Com muito cuidado, João Alberto colocou a mulher em seu ombro e montou em Tufão. Ajeitou a jovem em seu colo e se dirigiu rapidamente ao Casarão, e, ao chegar, bradou por ajuda. Ao ouvirem os gritos de João Alberto, os funcionários foram correndo ajudá-lo. Antônio que estava mais próximo, segurou a jovem enquanto João Alberto descia do cavalo.

Com a jovem novamente em seus braços, João Alberto pediu para Antônio ir buscar o Dr. Cícero no hospital da cidade, o qual era amigo pessoal da família a mais de trinta anos e jamais negou qualquer auxílio quando solicitado.

João Alberto conduziu a jovem em seus brações até um dos quartos do Casarão, colocando-a na cama com todo o cuidado. Mercedes veio em seguida, ver o que estava acontecendo.

— João, fique aqui com ela que vou pegar água e algumas ervas. – falou Mercedes.

Pouco tempo depois, Mercedes retornou ao quarto onde estava a jovem, portando uma bacia com água e algumas ervas e uma toalha branca, sentando-se próxima a jovem.

— Quem é essa moça, João?

— Não sei, Mercedes, a encontrei no lago da Cachoeira do Machado. – respondeu João Alberto.

Com toda delicadeza que lhe era peculiar, Mercedes mergulhava a toalha na água com ervas e passava no rosto, cabeça e nas feridas da jovem, limpando todo o sangue e sujeira concentrados. Chamou uma das funcionárias do Casarão e pediu que ela ajudasse a retirar as roupas da jovem e depois fosse buscar alguma vestimenta que servisse na moça, o que não seria difícil, tendo em vista que a maioria dos funcionários residia na fazenda e dentre eles haviam muitas jovens.

Neste momento, Mercedes pediu a João Alberto que se retirasse do quarto, o qual demorou para entender, pois não parava de prestar atenção no rosto da jovem. Necessitou que Mercedes falasse alto e com firmeza para que acordasse do transe e atendesse à solicitação de Mercedes.

Dr. André, com o barulho incomum, foi saber o que estava ocorrendo, encontrando João Alberto voltando para o salão principal.

— O que houve, meu filho, por que de tanta gritaria e correria?

— Estava vindo para o almoço e resolvi parar um pouco no riacho da Cachoeira do Machado para me refrescar um pouco e dar água para o Tufão, quando encontrei uma jovem caída do outro lado da margem.

— E ela está bem, o que aconteceu?

— Não sabemos ainda, meu pai, o Antônio foi até a cidade buscar o Dr. Cícero e já deve estar voltando. Ela estava muito machucada e desacordada, mas estava respirando, por isso trouxe para cá.

— Você fez bem, meu filho, apesar dos riscos que está correndo caso ela venha a falecer, mas conversaremos sobre isso depois. Estou ouvindo o barulho da caminhonete, acho que o Antônio está voltando....

Os dois saíram na varanda para verificar e confirmaram a chegada do Antônio com o Dr. Cícero.

— Bom dia, Cícero, meu velho amigo, temos uma jovem que foi encontrada pelo João Alberto na margem do riacho da Cachoeira do Machado, ela está no quarto.

— Bom dia, André, o Antônio já me adiantou o assunto. Vamos ver a jovem, então.

Todos foram para o quarto, porém, na porta, estava Mercedes, que permitiu somente a entrada do Dr. Cícero, tendo em vista que a moça havia acordado, mas estava somente coberta pelo lençol, já que as roupas ainda não haviam chegado.

— Bom dia, minha jovem, parece que você está um pouco melhor. Pode nos contar quem é você e o que aconteceu? (Perguntou Dr. Cícero).

Ainda meio atordoada, a jovem que aparentava ter mais ou menos 23 a 25 anos, cabelos ruivos e ondulados que se estendiam até a altura da cintura, olhos verdes, pele branca, magra, acenou positivamente com a cabeça.

— Meu nome é Lana e, sinceramente, não me lembro muito bem do que aconteceu. Só sei que estava a caminho da Capital e agora estou aqui e não me lembro de mais nada.

— De onde você estava vindo? – continuou o questionamento enquanto examinava.

— De São Leopoldo. Onde estou?

— Em Adnaura, cerca de trezentos quilômetros a leste da Capital – respondeu Dr. Cícero.

— A quanto tempo estou aqui?

— Acalme-se, minha jovem, você foi encontrada hoje, desmaiada e toda machucada e foi trazida para cá. Eu sou Dr. Cícero, médico na Santa Casa da cidade e esta é a Mercedes, quem cuidou de você até a minha chegada.

Se dirigindo para Mercedes, Dr. Cícero continuou:

— Mercedes, por favor, prepare algo leve para esta jovem comer e traga água. Ela está desidratada (neste momento, batida na porta, era Simone, filha do Antônio, que trazia roupas para Lana).

— Pode deixar, Dr. Cícero, vou ajudar a moça a se vestir e já farei isso – respondeu Mercedes.

— Veja se não vai exagerar, hein, Mercedes. Sua comida é tão gostosa que uma pessoa convalescente tem que ir devagar... (todos riram).

— Lana, você está em local seguro e com pessoas da mais elevada índole. Fique tranquila porque você não poderia estar em local melhor. A princípio, não detectei qualquer problema grave. Vou deixar alguns comprimidos com a Mercedes no caso de sentir algum dor e qualquer problema é só avisar que tenho certeza que irão me buscar, a qualquer hora, mas amanhã, gostaria que você fosse até o hospital para que possa examiná-la melhor. Vou conversar com o André para que providencie sua ida.

— Obrigada, Doutor.

Simone, que ficou com Mercedes para ajudar a vestir Lana, era uma jovem linda, negra, 20 anos, cabelos cacheados até a cintura, negros como a noite, magra, seios médios e firmes, quadril largo e cintura fina, olhos que combinavam com seus cabelos.

— E aí, Dr. Cícero, como está a jovem? – perguntou João Alberto – ela falou alguma coisa?

— Calma, João, a moça se chama Lana, estava indo de São Leopoldo para a Capital e não se lembra de mais nada. Acredito que tenha sofrido algum golpe na cabeça, apesar de não encontrar nenhuma evidência ou pode ter sofrido algum trauma que a fez perder a memória, mas amanhã, peço que a levem para o hospital para fazermos alguns exames de rotina. Aparentemente, não tem nenhum traumatismo ou algo que devamos nos preocupar. Deixem que ela descanse. Já pedi para Mercedes servir algo leve e muito líquido e vou deixar alguns analgésicos.

— Mais uma vez obrigado, meu amigo – falou Dr. André – amanhã, com certeza, o João levará a moça ao hospital e deixará aos seus cuidados. Mas o amigo vai ficar para o almoço, faço questão, e antes disso, tenho um conhaque envelhecido no carvalho a mais de 15 anos e estou com muita vontade de experimentar, mas não tenho companhia – risada.

— Impossível recusar o convite de almoçar aqui, não é sempre que se tem a possibilidade de se fartar com a comida da Mercedes, então, por favor, me apresente a este seu amigo envelhecido – mais risadas.

Ambos se dirigiram ao escritório do Dr. André, local preferido para degustação de boas bebidas e charutos importados.

Após degustarem o conhaque, se dirigiram à cozinha. João Alberto lá se encontrava, aguardando a chegada de seu pai e do Dr. Cícero. Ao sentarem-se à mesa, Dr. André questionou:

— Meu filho, vamos lá, nos conte com detalhes todo o ocorrido.

João Alberto passou a descrever como encontrou a jovem e acresceu:

— Papai, agora que as coisas acalmaram, pensei melhor no que o senhor me falou assim que cheguei, e o senhor tem toda razão, não poderia ter trazido esta jovem para nossa casa, deveria ter lhe avisado primeiro, mas na hora não raciocinei e fiz a primeira coisa que me veio à cabeça.

— Entendo, filho, talvez eu tivesse a mesma atitude que você. O importante é que, de acordo com as informações do Dr. Cícero, está tudo bem com a jovem. Mais tarde conversaremos com ela com mais calma aí decidiremos o que fazer.

— Concordo, vou voltar à lida logo após o almoço. Peço que aguarde o meu retorno, quero participar desta conversa, se o senhor entender que não haverá problemas.

— Fique tranquilo, meu filho, vá cuidar de seus afazeres que eu farei o mesmo. Quando retornar me avise, aí iremos ter com esta jovem.

Assim, iniciaram sua refeição, sempre sob os olhares atentos de Mercedes, que se mantinha presente para atender qualquer necessidade de seus patrões, sempre com muita alegria e dedicação.

Após a refeição, João Alberto retomou suas atividades, o mesmo ocorrendo com Dr. André. Dr. Cícero retornou a Santa Casa.

No final da tarde, João Alberto retornou ao Casarão e foi direto para seu quarto banhar-se e após, foi ao encontro de seu pai, no escritório.

— Papai, quando o senhor quiser poderemos ir conversar com a Lana.

— Nossa, filho, ainda não consegui decorar o nome da moça, mas podemos ir. Já terminei por hoje e ainda quero dar um pulo na cidade para encontrar alguns amigos.

— Vai sim, Papai, o senhor está precisando de um pouco de distração e diversão. Vou falar para o Antônio preparar o carro para leva-lo.

— Obrigado, meu filho. Então vá enquanto eu arquivo estes documentos em seus devidos lugares.

Dr. André era muito zeloso com todos documentos, principalmente de seus clientes, não permitindo que outra pessoa tivesse acesso ao que trazia para o escritório em sua casa, pois tratavam-se, em grande parte, de documentos extremamente confidenciais, não confiando deixá-los no escritório da cidade.

Após acertar tudo com Antônio, João Alberto retornou ao encontro de seu pai, que já o aguardava, e foram ao quarto em que estava Lana.

Bateram na porta e aguardaram autorização da moça para ingressarem. A jovem estava em sua cama, havia se banhado e se mostrava muito melhor. Sequer havia solicitado qualquer medicação para dor durante este período, recebendo aos dois com um sorriso de gratidão nos lábios.

Dr. André iniciou a conversa:

— Boa tarde, Lana, meu nome é André e este é meu filho João Alberto, quem te encontrou à margem do riacho. Como está se sentindo?

— Muito melhor, obrigada, não sei como agradecer pelo que vocês fizeram e estão fazendo por mim, uma completa estranha sendo acolhida em sua casa e tratada como se fosse uma princesa.

Com um sorriso no rosto e muita calma, Dr. André respondeu:

— Não fizemos nada além de nossa obrigação, Lana, estamos muito felizes por você estar melhor e fique o tempo que entender necessário para seu completo reestabelecimento.

— Novamente, obrigada, não tenho palavras para expressar minha gratidão.

— Amanhã o João Alberto te acompanhará até o hospital, como pediu o Dr. Cícero, para uma nova consulta e realização de exames.

— Estou dando muito trabalho para vocês....

— Como disse, não se preocupe. O Dr. Cícero nos falou que você está com um lapso de memória.

— Parece que sim, mas só recente. Aproveitando, quando me encontraram, eu não portava um celular?

— Não. Estava somente com a roupa do corpo, não havia celular ou documentos. – respondeu João Alberto.

— Que pena, talvez o celular me ajudasse a recordar alguma coisa, mas, pelo que me lembro, meu nome é Lana Deverich, tenho 25 anos, estava vindo de São Leopoldo para a Capital encontrar algumas pessoas. Sou médica veterinária e, também pelo que me recordo, existe um vasto campo de trabalho na minha área nesta região.

– Mas é muito estranho que você tenha vindo parar aqui, já que estamos a mais de duzentos e cinquenta quilômetros a leste da Capital.

— Realmente – acresceu Dr. André – é muito estranho, mas certamente também esta questão restará respondida oportunamente. No momento, vamos nos preocupar em garantir uma excelente estadia para esta linda jovem. Fique à vontade como se a casa fosse sua. Se precisar de qualquer coisa é só falar com a Mercedes. Como eu disse, amanhã, o João Alberto vai te levar até o hospital, aproveite para descansar.

— Nossa, quanto trabalho estou dando a vocês, espero que até amanhã minha memória tenha voltado. Vou fazer o que o senhor falou e descansar, mas, por enquanto, muito obrigada e me desculpem pelo trabalho que estou dando a vocês.

— Bom, João, agora vamos deixar a Lana à vontade, e minha jovem, o que você precisar é só pedir e se quiser esticar as pernas fique à vontade, a casa é sua.

— Obrigada.

CAPÍTULO 2

Conhecendo as pessoas

Na manhã seguinte, João Alberto levantou muito cedo, afinal, tinha algumas coisas para resolver antes de atender o pedido de seu pai em acompanhar Lana à cidade.

Por volta das 07h00, Lana deixou pela primeira vez seu quarto e se dirigiu até a cozinha, observando cada cômodo por onde passava, onde encontrou com Mercedes ao fogão, cortando um bolo de milho que havia preparado algum tempo antes. A mesa de café da manhã já estava posta, como de costume, com pães, frios, frutas, bolos, café, leite e suco.

— Bom dia, Dona Mercedes – saudou Lana.

— Bom dia, Lana, como está se sentindo?

— Muito melhor, acho que descansei demais, não via a hora do dia raiar para poder me levantar, principalmente depois que senti o cheiro maravilhoso deste bolo....

— Que nada, menina, é coisa simples, bolo de milho que o Dr. André adora. Sente-se aí e tome o seu café, fique à vontade, João já deve estar chegando e lhe fará companhia. Desculpe-me por não me sentar com você, é que tenho que separar as misturas para o almoço do povo, e não precisa me chamar de dona, me chame de Mercedes, como todo mundo aqui.

— Tá bem, me desculpe, é uma questão de respeito, mas a senhora, digo, você, prepara o almoço de todos aqui da fazenda?

— Sim, daqui a pouco a Simone e a Joanna vêm para me ajudar. É muita comida, você não tem noção de quanto este povo come – risos.

— Imagino, deve ter muito trabalho por aqui. Quantos funcionários a fazenda tem?

— Que trabalham diretamente aqui uns 40, mas tem um pessoal que trabalha no escritório na cidade e na capital, mas estes vem comer aqui somente quando tem que trazer alguma coisa para o Dr. Alberto assinar. Geralmente, eles deixam para vir bem na hora do almoço – risos.

— Bom dia – saldou João Alberto – Como está, Lana, sente-se melhor?

— Muito melhor, João, obrigada. Estava aqui conversando com a dona, digo, Mercedes e estávamos exatamente falando sobre a minha melhora. Acredito que não seja necessário irmos ao hospital, já me sinto bem e minha memória está voltando, lentamente, mas acredito que em poucos dias poderei retomar minha vida.

— Lana, acho que é melhor você fazer o que o Dr. Cícero falou. O carro já está pronto para partirmos e em pouco tempo chegaremos no hospital. Inclusive, o Dr. Cícero está te aguardando, papai já conversou com ele nesta manhã.

— Tudo bem, então, não tenho nem argumentos. Só peço que me deixe experimentar estas maravilhas que a Mercedes preparou para o café.

— Não tenha pressa, sei o quanto é difícil levantar da mesa quando se trata dos quitutes preparados pela Mercedes.

Após degustarem o café da manhã, os jovens se dirigiram ao Hospital onde o Dr. Cícero já os aguardava.

— Bom dia, João, Lana.

— Bom dia, Dr. Cícero, responderam os jovens simultaneamente.

— João, seu pai me falou que você tem algumas coisas para resolver aqui na cidade, então fique à vontade. Acredito que ficarei na companhia da Lana ao menos pela parte da manhã, acho que é tempo suficiente para que você termine seus afazeres por aqui.

— Acredito que sim, mas assim que terminar eu volto para cá. Fique tranquila, Lana, você estará em ótimas mãos. Até, Dr. Cícero.

João Alberto se retirou do hospital e foi à delegacia local, dirigindo-se a sala do Delegado Dr. Peixoto, antigo amigo de seu pai, sendo muito bem recebido.

— Com licença, Dr. Peixoto.

— João, que grata surpresa, como está? E o seu pai? Faz tempo que não o vejo?

— Está tudo ótimo, Dr. Peixoto, meu pai anda meio ocupado com uns casos que lhe foram atribuídos recentemente. O senhor sabe como ele é, excessivamente detalhista, gosta de estudar todos os detalhes e hipóteses possíveis.

— Sei bem, João, conheço seu pai, mas o que lhe traz aqui?

— Ontem, por volta da hora do almoço, encontrei uma jovem desacordada e ferida no riacho da Cachoeira do Machado. Estava toda machucada, com várias escoriações e hematomas pelo corpo, até onde pude ver. Levei-a para casa onde recebeu os primeiros atendimentos de Mercedes e em seguida o Dr. Cícero também a examinou. Esta moça diz que se chama Lana Deverich, que tem 25 anos, é médica veterinária, estava vindo de São Leopoldo para a Capital, mas não se lembra de mais nada recente. Estava somente com a roupa do corpo, sem qualquer documento ou mesmo celular.

— Ela está na fazenda ainda?

— Não, ela está no hospital com o Dr. Cícero para alguns exames.

— Entendi, mas acho muito estranha a estória dela, João, a Capital fica a aproximadamente duzentos e cinquenta quilômetros daqui e se ela vinha de São Leopoldo, não passaria por aqui. Bom, primeiro, deixa eu verificar se conseguimos mais informações desta moça.

Dr. Peixoto chamou o escrivão Marcelo para efetivar os levantamentos com a máxima urgência, enquanto conversava com João Alberto.

— Realmente muito estranha esta estória. Quando você encontrou a moça não havia nenhum carro nas proximidades?

— Com certeza não, do riacho onde foi encontrada até a estrada são seis quilômetros, não há possibilidade de entrar na fazenda e ir até o riacho sem passar próximo ao casarão, alguém teria visto.

— Entendo. E aí, Marcelo, cadê as informações? Gritou Dr. Peixoto.

Rapidamente Marcelo entra na sala e entrega alguns papéis ao Dr. Peixoto – estão aqui, chefe, precisa de mais alguma coisa?

— Obrigado, é só, por enquanto.

Dr. Peixoto passou a analisar os documentos, os quais não traziam muitas informações, mas confirmavam o que Lana falou quanto ao nome, idade, residir em São Leopoldo e ser médica veterinária. Também verificou que a jovem não possuía qualquer registro no cadastro da polícia civil ou federal, estava totalmente limpa.

— Como ela estava vestida?

— De forma simples, calça jeans, tênis e camiseta branca. Meu pai pediu para Mercedes guardar as roupas do jeito que estavam. Ele tinha certeza que o senhor iria perguntar e pedir para trazermos para perícia. Acabei esquecendo no carro, mas vou buscar e já trago.

— André!!! Sempre um passo à frente (risos). Você tem ideia de quanto tempo ela permanecerá com o Dr. Cícero? Precisarei conversar com ela e ainda tem a questão dos documentos que ela terá que pedir segunda via.

— O Dr. Cícero me falou que iria ficar com a Lana por toda manhã.

— Então façamos o seguinte, enquanto isso vou dar um pulo na fazenda para verificar o local onde você falou que encontrou a moça. Enquanto isso, após terminar com o Dr. Cícero, você pode trazer a moça aqui para lavrar o boletim de ocorrências e pedir segunda via dos documentos.

João se despediu do Delegado, voltou até o carro, pegou a sacola com as roupas que Lana vestia, retornou à delegacia e entregou para o escrivão Marcelo.

Após resolver estes impasses João Alberto retornou ao hospital, onde encontrou Lana com Dr. Cícero no consultório deste.

— Olá, me desculpem se demorei, tive alguns problemas e acabei me atrasando.

— Você não está atrasado não, estamos aguardando os resultados dos exames e aproveitei para conversar com o Dr. Cícero. Devo ter atrapalhado toda a agende dele.

— Não se preocupe Lana – falou Dr. Cícero – hoje não estou de serviço aqui no hospital e desmarquei todas consultas em meu consultório. Pedido do Dr. André não se pode negar (risos do Dr. Cícero).

(Batidas na porta do consultório), entra uma mulher aparentando seus 45 anos, cabelos castanhos escondidos por uma rede hospitalar, estatura baixa e forte – com licença, Dr. Cícero, os resultados dos exames que o senhor pediu. – Retirou-se em seguida.

— Deixe-me ver.

Alguns segundos depois, Lana não aguentou:

— E aí, doutor, vou sobreviver?

— Não observou nenhuma anomalia em seus exames, porém, diante do quadro de perda de memória, acho melhor você passar por outros exames mais detalhados. Porém, terão que ser feitos na Capital, pois aqui não temos os aparelhos necessários. Vou preparar os pedidos. Depois que você fizer estes exames, eles vão enviar os resultados diretamente para mim aqui no hospital, aí eu aviso a vocês.

— Mas, doutor, estou recuperando a memória, devagar, mas percebo que estou recuperando. O que preciso, na verdade, é tirar todos meus documentos com a maior brevidade possível, solicitar junto ao Banco novos cartões e comprar um aparelho celular.

— Quanto aos documentos eu entendo, mas do que te adiantará o celular se você não se lembrar do número de seus amigos e parentes? – questionou João Alberto.

— Com o celular eu posso pedir outro chip com o mesmo número que usava antes e as pessoas que conheço podem me ligar. – respondeu Lana.

— Está certo, mas ao menos você se lembra qual a sua operadora:

— João, isso é fácil, não temos muitas operadoras, assim é só ir em todas e verificar com qual eu tinha contrato.

— Verdade, então faremos isso na Capital no dia em que você for fazer os exames que o Dr. Cícero pediu. — Dr. Cícero, se a sua paciente já está de alta, necessitamos prosseguir nossa caminhada. Ainda temos muito o que fazer por aqui e preciso retornar a fazenda logo após o almoço. – Falou João Alberto.

— Estão liberados. Aqui estão os pedidos de exames, mas, Lana, qualquer coisa você entre em contato comigo. – solicitou Dr. Cícero.

— Pode deixar, doutor, farei o que me orientou. Por enquanto, muito obrigada por tudo.

— Não há de que, vão com Deus.

Ao saírem do hospital, Lana se manteve em silêncio, o mesmo ocorrendo com João Alberto (que já não era muito de se expressar). Entraram no carro e João foi até a Delegacia.

— Bom, primeiro passo, vamos lavrar o B.O. – falou João Alberto.

Ao entrarem na Delegacia, foram atendidos pelo escrivão Marcelo.

— Olá, João, esta é a Lana, presumo. Muito prazer, sente-se que já vou lavrar o B.O. – falou Marcelo, e prosseguiu – Me conte o que aconteceu.

Lana passou a contar o pouco que se lembrava enquanto Marcelo digitava as informações.

— Bom, acho que por enquanto é só. Já fiz o pedido da segunda via dos documentos. Por enquanto, aconselho a você andar com este boletim com você, assim que os documentos chegarem eu aviso ao João. – encerrou Marcelo.

Saindo da delegacia, os jovens dirigiram-se ao centro comercial da cidade, lá estacionando.

— Lana, meu pai me pediu que a trouxesse para comprar algumas roupas e o que mais você necessitar. Aqui você não terá muitas opções como na Capital, mas acredito que encontre algumas roupas que lhe agradarão.

— João, eu agradeço imensamente, mas não posso aceitar. Como você sabe, não tenho sequer documentos, cartões ou dinheiro.

— Um dia você poderá pagar (risos), não se preocupe com isso. Mas agora, vamos começar, a fome já está dando sinal e ainda temos muito a fazer. Sei que vocês, mulheres, perdem a noção de tempo quando estão em compras (risos).

— Isso é verdade, mas prometo que farei tudo com a maior rapidez possível e que, certamente, assim que recuperar meus documentos e cartões, pagarei ao seu pai.

João Alberto acenou com a cabeça positivamente e foram as compras. Pouco mais de três horas depois, tinham terminado.

Lana, embora aparentasse ser uma jovem de classe média alta, não exigiu luxo ou roupas caras. Ao revés, comprou somente o básico, gastando muito menos e sendo mais rápida do que João Alberto esperava.

Ao término, os dois se dirigiram para um restaurante no próprio centro comercial, ao entrarem, foram recebidos por um senhor alto, cerca de um metro e noventa de altura, moreno, cavanhaque grisalho, aparentando seus 60 a 65 anos, muito sorridente e acolhedor, que iniciou a conversa:

— Bom dia, João, que prazer em revê-lo, fazia tempo que você não aparecia por aqui, mas não te culpo, quem tem Mercedes como cozinheira não quer comer em outro lugar. Como está o André?

— Bom dia, Chicão, você tem toda razão. Meu pai está muito bem, graças a Deus, está é Lana, nossa hóspede.

— Muito prazer, Lana, seja bem-vinda, sinta-se em casa.

— O prazer é meu, obrigada.

— João, você é de casa, fique à vontade que já irão tirar os pedidos. Como sugestão, hoje temos uma costela que está maravilhosa, quase parecida com a que Mercedes prepara (risos).

— Lana, você come carne? Questionou João.

— Na verdade não sou muito adepta, mas com a fome que estou comeria até mesmo o boi (risos).

— Então, Chicão, pode mandar a costela caprichada, depois pedimos as bebidas.

— Por falar em bebida, recebi esta semana uma malvada da região norte do Estado e você não pode deixar de experimentar, já vou levar pra você.

— Ok, obrigado.

João Alberto, educadamente, escolheu a mesa e puxou a cadeira para Lana sentar-se. Na verdade, além de ser extremamente educado, ele também queria que Lana soubesse que, apesar de ter sido criado no campo, o mesmo sabia se comportar perfeitamente e poderia ser cavalheiro quando assim desejasse.

— Lana, não querendo ser chato ou mesmo deixa-la constrangida, se você puder e quiser, me conte um pouco mais sobre você.

— Fique tranquilo, jamais pensaria isto de você. Bom, como disse, sou médica veterinária e tenho pós-graduação em animais de grande porte, mais especificamente, bovinos e equinos. Pelo que me lembro, morava em São Leopoldo e não lembro de ser casada ou ter filhos. (risos). Agora é sua vez, você foi meu salvador, estou hospedada em sua casa e não sei nada sobre você e sua família.

João Alberto sorriu e alinhou seus olhos ao de Lana. Ficou por instantes olhando para a jovem como que pensando se deveria falar algo ou permanecer calado, rezando para que a comida chegasse...

— João – disse a jovem – não precisa me falar nada que não queira, só gostaria de saber um pouco mais sobre os meus heróis (sorriu).

— Não tenho muito a falar. Somos uma família comum, do campo, meu pai é advogado e herdou a fazenda. Com o tempo e muito trabalho fomos comprando mais terras e aumentando nossas criações e produções. Apesar da aparência, somos pessoas simples e estamos cercados por pessoas maravilhosas que estão conosco a muitos anos, alguns, desde a época de minha mãe.

— Sua mãe. Não há conheci. Ela está viajando?

— De uma certa forma sim, mas não irá retornar, quando chegar o nosso momento iremos ao encontro dela onde quer que se encontre.

— Como assim? – Estranhou a jovem.

— Minha mãe, a alguns anos, foi acometida de uma doença grave, hoje, está em algum lugar do reino celeste.

— Me perdoe, João, não tinha ideia.

— Não esquenta. Apesar da saudade, já superamos sua partida. Somente tenho ótimas recordações da minha mãe, então não me entristeço ao falar dela.

— Que bom. Mas me fale sobre você.

— O que quer saber? – Questionou João.

— Tudo (risos).

— Meu nome é João Alberto, tenho 28 anos, formado em agronomia amo o campo e tudo que se refere a ele, tenho um irmão chamado Luiz que tem 25 anos e está fazendo mestrado e doutorado na Europa.

— Sério? Que legal – falou Lana – E você pensa em prosseguir seus estudos?

— Sim. Mas o curso que quero fazer é fora do país. Porém, não posso deixar meu pai e a fazenda neste momento, então estou aguardando que meu irmão retorne para que auxilie meu pai. Ele voltando, poderá cuidar dos processos e clientes do meu pai, assim, sobrará mais tempo para que o Dr. André (sorriso) deixe de ser doutor e volte a ser o homem do campo, o que ele sempre amou fazer, cuidar da fazenda e tudo que diz respeito.

— Entendi. E quando ele termina o curso?

— Já deve ter terminado, mas ainda não sabemos se ele voltará a morar aqui. Não parece que esta seja à vontade dele.

— Dá para entender. Mas e se ele resolver não voltar, você não dará continuidade aos seus estudos?

— Não estou querendo pensar nesta hipótese, ao menos por enquanto (sorriso).

A conversa foi encerrada ao perceberem que o almoço foi trazido, por uma bela jovem, olhos castanhos claros, cabelos castanhos e compridos até a cintura, pele clara e com uma tatuagem em formato de beijo com uma letra J ao centro, bem no lado esquerdo do pescoço, um sorriso admirável, e extremamente simpática.

— Boa tarde – falou a jovem – tudo bem, João? Meu pai mandou caprichar no prato e te mandou a "maldita" (sorrisos).

— Obrigado, Paulinha. Esta é Lana, hóspede na Fazenda.

Lana acenou positivamente com a cabeça.

— Então está hospedada no local mais lindo da região e cercada pelas pessoas mais encantadoras. Se quiserem mais alguma coisa é só me chamar. Bom apetite.

Após o almoço os jovens se dirigiram para a Fazenda, onde Dr. André e Dr. Peixoto já esperavam por eles.

CAPÍTULO 3

Das primeiras investigações

Ao chegarem à Fazenda, João Alberto informou à Lana que iria direto resolver algumas coisas com seu pai no escritório, Lana, por sua vez, agradeceu e deu um beijo em seu rosto, que corou na mesma hora, e foi para seu quarto.

Ingressando no escritório, encontrou seu pai com o Dr. Peixoto, os quais estavam em uma conversa em voz baixa.

— Meu filho, que bom que você chegou, temos muito que conversar. Aproveitando que meu amigo Peixoto cedeu seu estimado tempo para me fazer companhia e irmos verificar o local onde encontrou Lana.

— Isso mesmo, João, após me fartar com as iguarias feitas por Mercedes, tinha que fazer uma caminhada, senão iria estourar (risos). Fomos verificar o local onde você encontrou a jovem. Também, antes de sair da delegacia, solicitei ao Marcelo que fizesse um levantamento de tudo que fosse possível desta moça, quando retornar a delegacia talvez tenha mais informações.

— Nossa!!! (admirou-se João Alberto) – Realmente existe a necessidade de tanta investigação? A Lana me parece pessoa do bem, não acredito, ao menos por enquanto, que ela pudesse fazer mal a alguém.

— Também gostei da Lana, meu filho, compartilho de sua observação, mas o Peixoto é profissional da mais extrema competência e com experiência muito maior que a minha com relação às pessoas. Achei que foi muito prudente, afinal, será até melhor certificarmos que não estamos errados, você não acha?

— Não posso discordar quanto aos conhecimentos do Dr. Peixoto, papai, mas não vejo necessidade de tanta coisa, mas vocês sabem melhor do que eu o que fazer. Mas e aí? Alguma novidade no riacho da Cachoeira do Machado?

— Encontrei alguns vestígios de uma outra pessoa no local, o Carlos (investigador de polícia) já está vindo para cá para tirar umas fotos do local e das pegadas que encontrei próximo a margem e onde você localizou a moça.

— O senhor tem razão, Dr. Peixoto, mas não acredito que o senhor terá tempo para tantas respostas. O Marcelo já solicitou a segunda via dos documentos, acho que em uma semana já estarão prontos, inclusive cartões do banco e de crédito. Assim, creio que quando estiver tudo certinho ela irá embora.

— Pode ser, mas o Carlos também estará trazendo uma solicitação de comparecimento de Lana à delegacia, gostaria de conversar com ela. – falou o delegado.

— Peixoto, agora terei que falar como advogado. Meu amigo, não há indício de crime cometido pela moça. Pelo que estamos verificando, talvez ela tenha sido vítima, mas não prestou qualquer queixa. Que tal deixarmos este negócio de delegacia de lado para não assustar a moça? Não será melhor você conversar com ela aqui, no escritório, de maneira informal? – questionou Dr. André.

— Você tem razão, André, façamos do seu modo, por enquanto. – respondeu o delegado.

Neste momento houve uma batida na porta. João Alberto foi abrir e encontrou com Carlos.

— Boa tarde, Carlos, entre, por favor, estávamos lhe aguardando.

— Boa tarde, delegado, Dr. André, João.

— Carlos, preciso que você me acompanhe até o riacho da Cachoeira do Machado para tirar umas fotos. Você trouxe o equipamento? – questionou Dr. Peixoto.

— Sim, chefe, está na viatura.

— Então vamos. André, não precisa nos acompanhar, conheço bem o caminho e quando terminar volto para cá para conversar com a jovem.

— Tudo bem, Peixoto, fique à vontade e se precisar de alguma coisa é só me falar.

Dr. Peixoto se retirou com Carlos para o riacho.

— Papai, sinceramente, o senhor não acha que está tendo um certo exagero por parte do Dr. Peixoto?

— Filho, se tem uma coisa que aprendi com esta vida é que o cuidado nunca é demais.

...

Lana estava no quarto, já havia se banhado e trocado de roupas quando Dr. Peixoto retornou.

— Com licença, Lana, posso entrar? – questionou Simone.

— Claro. – respondeu Lana ao abrir a porta – e, aproveitando, obrigada pelas roupas que me emprestou, não sei como lhe agradecer.

— Não carece. Sabe, o delegado está lá no escritório e pediu para te chamar.

— Delegado? Eita, será que estou devendo alguma coisa? – questionou Lana, com sorriso nos lábios. – vamos lá.

— Boa tarde, Lana, sou o delegado Peixoto. Diante das notícias que me chegaram, iria convidá-la a ir conversar comigo na delegacia, mas o Dr. André me convenceu a fazer isto por aqui mesmo, pode ser?

— Boa tarde, delegado. Não vejo qualquer problema e até agradeço que seja aqui.

— Por favor, me conte tudo que se lembra. – solicitou o delegado.

Lana passou a narrar tudo que se lembrava ao delegado, o qual fazia alguns apontamentos em um pedaço de papel. A conversa durou cerca e 15 minutos, uma vez que Lana ainda não tinha muitas recordações do período entre sua saída de São Leopoldo até quando foi encontrada por João Alberto.

— Positivo, Lana, por enquanto, obrigado.

— Eu quem agradeço, delegado.

Ao terminar a conversa com o delegado, Lana, resolveu dar uma volta pela fazenda e foi diretamente ao estábulo, onde um dos funcionários estava escovando Tufão. Ficou admirada com o porte e beleza do animal, seu pelo brilhava, sua postura era admirável.

— Que lindo! Como está bem cuidado. Qual o nome dele? – Perguntou Lana ao funcionário.

— É Tufão, senhora, o cavalo do João Alberto, a menina dos olhos dele.

— Realmente é um lindo espécime, poucas vezes me deparei com um cavalo tão magnifico. É dócil?

— Sim, ele é muito bonzinho, mas somente o João Alberto que ele deixa montar, mas deixa que tratemos dele numa boa.

Lana não se conteve, aproximou-se com muita calma, porém, quando chegou bem próxima, Tufão, inesperadamente, ficou agitado, levantou sobre as patas traseiras e ameaçou atingir a jovem com as dianteiras, o que não ocorreu graças à intervenção do funcionário que se colocou na frente de Lana e começou a conversar com Tufão. Lana, automaticamente, recuou, deixando o funcionário acalmar o belo exemplar.

— O que aconteceu? Você não falou que era dócil?

— Mas é, senhora, nunca vi Tufão ter uma reação destas. Ele deve ter visto algo que não vimos, só pode ser.

— Não esquenta, está tudo bem, vai ver que vim em um momento inoportuno.

— Tente vir com o João Alberto. Acredito que o Tufão, vendo que a senhora está ao lado do João, não irá fazer a mesma coisa.

— Acredito. Mas agora vou dar uma volta por aqui. Me tire uma dúvida, a Cachoeira do Machado fica para onde?

— Ali para aquele lado, mas é uma boa caminhada até lá, vou preparar uma égua bem mansa para você, espere um pouco.

Pouco tempo depois, o funcionário voltou com um belo espécime, branca e com crinas longas e bem escovadas.

— Esta você pode montar tranquilamente, é muito mansinha.

Lana agradeceu, se aproximou do animal, montou e saiu tranquilamente.

CAPÍTULO 4

Riacho da Cachoeira do Machado

Aproveitando o final de tarde quente e o sol ainda brilhando, Lana resolveu ir até onde foi encontrada por João Alberto, no riacho da Cachoeira do Machado.

Ao chegar no local, Lana restou admirada. Jamais havia visto um local tão lindo e rústico ao mesmo tempo. Flores lindas, árvores frondosas e um gramado inigualável, dando a impressão que era carpido diariamente. Uma belíssima cachoeira de mais ou menos 15 metros de altura, com uma água fria e cristalina.

O fundo do riacho era areia e pedras provenientes, provavelmente do desgaste das pedras que desceram pela cachoeira e de pequenas outras que se acomodaram ao fundo e, com os anos e a força da água da cachoeira foram tomando formato arredondado, massageando a solo dos pés ao serem pisadas.

Lana, após alguns momentos de completa distração com a beleza do local e de seus pensamentos, não conseguiu resistir ao convite das águas do riacho, olhou para todos os lados para ter a certeza que estaria sozinha, tirou sua roupa, ficando completamente nua e mergulhou naquelas águas frias e cristalinas.

João Alberto, sem saber que Lana estava na Cachoeira do Machado, se dirigiu para o local, como de costume.

Ao chegar próximo ao riacho, João Alberto apeou de Tufão e prosseguiu a pé. Chegando bem próxima da beira do riacho, ficou paralisado com o que vira, Lana estava nua dentro daquelas águas cristalinas, seus cabelos ruivos ganharam um brilho todo especial, sua pele branca se fazia ainda mais clara diante do reflexo dos raios solares na água, seus belos seios e seu corpo poderiam ser comparados ao de uma sereia de tão encantador. Quase esquecera que tinha que continuar respirando, ficou atônito, imobilizado, perdeu a noção do tempo, espaço e local, para sua sorte (ou azar), Tufão aproximou-se silenciosamente por trás e lhe cutucou com a cabeça, como quem estivesse falando para acordar do transe.

Lana estava tão entretida que sequer percebeu a presença deles, o que foi favorável a João Alberto, que pôde sair silenciosamente do local, esperou alguns minutos e retornou com Tufão, fazendo muito barulho, o que chamou a atenção de Lana, que nadou desesperadamente até a margem, recolheu suas roupas e as vestiu, escondida por uma grande árvore que se encontrava a poucos metros do local.

Quando João percebeu que Lana não estava mais na água e com a intenção de não levantar qualquer evidência de que já tinha estado por ali alguns minutos antes, soltou Tufão próximo ao riacho para que tomasse água e pastasse. Começou a banhar o rosto e molhou a cabeça. Como estava muito calor, João Alberto tirou a camisa e banhou seu tórax, sentou-se próximo a margem.

Muito próxima, foi a vez de Lana ficar observando. O rapaz era muito bonito, tinha um corpo bem definido, nada sobrando, nada faltando, moreno, uma tatuagem que se estendia por suas costas, mas Lana não conseguia definir o que era exatamente, uma vez que parecia que, como por encanto, a tatuagem se modificava a cada movimento de João Alberto.

Da mesma forma que João Alberto, Lana resolveu fazer barulho para registrar sua presença, ao perceber a chegada de Lana, rapidamente, pegou sua camisa e vestiu, abriu um sorriso e falou:

— Que surpresa encontrá-la aqui, e me parece que você também não resistiu aos encantos do riacho.

— Sim, isto aqui é lindo, não resisti e acabei por mergulhar nestas águas maravilhosas. Parece que estou totalmente reestabelecida após este mergulho, todas minhas feridas foram curadas.

— Que ótimo, eu sinto a mesma coisa, por isso que costumo vir aqui para me refrescar e pensar na vida. Às vezes perco até a noção do tempo e permaneço mais do que deveria (sorriso).

— Este lugar parece que é encantado, senti a mesma coisa. Ainda bem que acordei do transe antes de você chegar, pois iria me sentir muito mal se você me visse do jeito que estava.

— Não vai me dizer que estava nua?

— O pior é que estava, o que você iria pensar de mim? Nem me conhece direito (risos).

— Pode ter certeza que não pensaria nada de ruim, conheço bem o efeito que este local causa às pessoas com sensibilidade. Bom, já me refresquei, quer uma carona para casa?

— Não precisa, o seu funcionário me emprestou aquela belíssima égua.

— Fiquei sabendo do ocorrido no estábulo. Realmente, a reação do Tufão foi estranha.

— Deixa pra lá, João, ele não fez por mal.

Eles montaram e se dirigiram ao estábulo, deixando os animais e se dirigiram diretamente para a cozinha, onde Mercedes os esperava com a mesa já posta, com pães, bolos, manteiga e geleias, frutas, sucos, café e leite, todos produzidos na própria fazenda.

— Já estava retirando a mesa, achei que vocês não viriam mais para o café – falou Mercedes – Está quase na hora da janta e o Dr. André já tomou o café a muito tempo. Vocês vão tomar ou preferem aguardar a janta?

— Mercedes, se não for abuso, gostaria de experimentar um pedaço deste pão com geleia e uma xícara de café. O cheiro está incrível o que estimulou o meu apetite.

— Eu também não vou me fazer de rogado, vou tomar um café e depois volto para jantar – disse João Alberto, beijando a face de Mercedes.

Os dois se sentaram e serviram-se dos quitutes preparados por Mercedes e após, cada um se recolheu para seus respectivos aposentos.

Por volta das 19h30 o jantar já estava servido, Mercedes pediu para Simone passar nos aposentos para informar. Dr. André foi o primeiro a se sentar à mesa, pouco após apareceu João Alberto.

— Boa noite, filho, quando você pretende ir até Ceilândia mesmo?

— No final desta semana, papai.

— Vai sozinho?

— Sim. Como de costume, mas não entendi o porquê da pergunta?

— Nada de especial, meu filho, pode ficar tranquilo (sorriso).

Em seguida, Lana também ocupou um lugar à mesa, ao lado do Dr. André, de frente para João.

— Ai, que ótimo, estou faminta. – falou Lana.

— Então delicie-se e não faça cerimônia. Mercedes é a melhor cozinheira de toda região e tenho certeza que não estaria exagerando em dizer que de todo País – asseverou Dr. André.

— Que isso, Dr. André, não estou com essa bola toda não – falou Mercedes – (risos).

— Deixa de modéstia, Mercedes, a Lana já ouviu pela cidade inteira sua fama sobre dotes culinários – completou João.

— Bom, é melhor vocês pararem de ficar de converse e comerem antes que esfrie tudo... (risos) – acresceu Mercedes.

Durante o jantar, os três conversaram sobre diversos assuntos, mas Dr. André se ateve mais às experiências e competências profissionais de Lana, o que interessou também a João Alberto.

Após o jantar, o qual, diante da conversa prazerosa que estavam tendo, se estendeu até por volta das 22h30min., Dr. André sugeriu que fossem até seu escritório para terminarem a conversa e degustarem um licor que havia recebido de um Desembargador da Capital, o qual trouxe a bebida em sua última viagem à Itália.

Permaneceram conversando por mais uma hora. João verificou as horas e se assustou:

— Nossa, a conversa está ótima, mas preciso me recolher. Tenho que acordar muito cedo para ajudar o pessoal no recolhimento do gado para contagem e vacinação. Quando o novo gado chegar quero que o nosso já esteja vacinado, assim evitarei qualquer risco de contágio caso algum dos bois venha com algum problema.

— Verdade, João, a conversa estava tão boa que nem percebi o avançado da hora. Sei que no interior as pessoas costumam dormir cedo, pois a lida começa logo ao amanhecer – afirmou Lana.

— Tem razão, Lana, aqui o dia inicia com o raiar e termina com o pôr do sol, mas depois de uma certa idade, não precisamos de muitas horas de sono – falou Dr. André. (risos).

Cada um seguiu para seu aposento.

Ao se deitar, João Alberto tentou dormir, mas não conseguia. Lana se banhando no riacho não saia de sua cabeça. Ficou encantado com a moça como a muito não se encantará por outra mulher. De início culpou seus pensamentos pelo fato de ter consumido o licor, e assim permaneceu por muito tempo, somente após outro banho (frio) é que conseguiu dormir.

Quando Lana acordou, se arrumou com certa pressa. Não fazia ideia de que horas eram, mas tentou se aprontar rapidamente para poder tomar café na companhia de João Alberto. Ao chegar na cozinha percebeu que somente havia xícara e prato para uma pessoa, entristeceu, realmente ele havia levantado muito cedo.

Tomou seu café calmamente, sempre com a presença da agradável e prestativa Mercedes.

Quando estava terminando o café, Lana perguntou do Dr. André e João Alberto, para Mercedes.

— Os dois levantaram cedo. João está na lida com os peões para recolherem e separarem todo o gado e o Dr. André foi para Capital. João deve voltar somente bem no final do dia, o Jeremias vai levar o almoço para eles e o Dr. André somente à noite.

— Que pena, precisaria conversar com eles, mas tudo bem, aguardo o retorno. Mercedes, tem alguma condução que eu possa tomar para ir até a cidade?

— Você quer ir agora?

— Se for possível, preciso ir ver se meus documentos e cartões já estão disponíveis.

— Espere um pouco que vou ver. Acredito que o Antônio esteja indo para lá agora e aí você aproveita a carona.

— Não quero incomodar, Mercedes.

— Que nada, menina, fique tranquila.

Mercedes se dirigiu até a varanda da cozinha e viu que Antônio estava indo em direção aos carros.

— Antônio (gritou Mercedes), você está indo para cidade?

Antônio fez o sinal de positivo para Mercedes.

— Então espere um pouco para você dar uma carona para a Lana.

Antônio consentiu com a cabeça.

— Lana, o Antônio está de saída, aproveite a carona dele – falou Mercedes – E se os seus cartões não estiverem disponíveis, não esquenta a cabeça, pode pegar qualquer coisa que precisar e fala que é para colocar na conta do João ou do Dr. André, eles têm crédito em toda cidade.

— Obrigada, Mercedes, mas espero não precisar. Acredito que os cartões e documentos já estejam disponíveis, mas obrigado de qualquer forma. Então, deixa eu ir, não quero atrasar ainda mais o Antônio.

Assim, Lana e Antônio se dirigiram para a cidade. Durante o trajeto, Lana não se fez de rogada e começou a indagar Antônio sobre João Alberto, não conseguindo disfarçar seu interesse pelo belo rapaz.

Antônio preferiu não falar muito, somente respondia o necessário. Desde pequeno aprendeu que não deveria comentar a vida de seus patrões, sejam eles quem fossem, o que deixou Lana sem graça ao ponto de não tentar dar prosseguimento ao assunto.

O carro estacionou na frente próximo a Delegacia. Lana retirou seus documentos com o escrivão Marcelo e de lá foi ao Banco. Com tudo resolvido, Lana saiu pelas lojas da cidade, que embora pequena, possuía um comércio muito variado e de qualidade, o que agradou a jovem que iniciou pela compra de roupas, já que, anteriormente, havia adquirido somente algumas peças e bem simples, em virtude de terem sido pagas por Dr. André. Depois retornou à perfumaria para comprar cosméticos, perfumes, maquiagens e demais apetrechos femininos. Passou pelas lojas de calçados e adquiriu alguns pares de variados estilos.

No caminho para a praça, Lana visualizou um salão de beleza. Ao entrar, foi atendida por Jackeline, jovem muito bonita, por volta dos 24 anos, cabelos loiros até a cintura, lisos, olhos verdes, detentora de um sorriso cativante.

— Bom dia – disse Jackeline – Posso ajudá-la?

— Bom dia. Estou pensando em hidratar e escovar o cabelo, manicure e pedicure. Preciso marcar horário? – Questionou Lana.

— Você está com sorte, o movimento está tranquilo, sente-se e já vamos começar.

— Claro.

Permaneceu no salão por mais de três horas. Jackeline, como é de praxe nos salões de cabeleireiras, manteve conversa constante com Lana, perguntando de tudo e respondendo quase todas as perguntas. Lana ficou satisfeita com todas informações obtidas.

CAPÍTULO 5

Mistério na Cachoeira

Lana e Antônio retornaram para a Fazenda. Já estava anoitecendo. Ao chegarem, Lana foi direto para seu quarto para banhar-se.

Dr. André e João Alberto já haviam chegado e estavam na varanda, apreciando um bom vinho, como se estivessem comemorando, pois, a alegria era visível no semblante de ambos. Mercedes havia fritado umas mandiocas e cortado alguns pedaços de queijo para acompanhar.

Lana escutou as risadas de Dr. André e de João Alberto. Apressou-se, não queria perder a oportunidade de ficar algum tempo ao lado do jovem.

Assim que terminou de se arrumar, com as roupas novas, unhas pintadas, cabelos muito bem arrumados e toda maquiada, conseguiu ficar ainda mais bela. Dirigiu-se à varanda onde eles estavam.

— Boa noite – cumprimentou Lana – posso participar desta comemoração? Afinal, pela alegria dos dois, tenho certeza que estão comemorando algo.

— Boa noite — Os dois responderam automaticamente.

João Alberto demorou algum tempo para olhar para Lana, coisa de segundos, no entanto, para Lana, parecia uma eternidade, mas valeu a pena para a jovem. Ao olhar para Lana, João Alberto ficou atônito, fixou os olhos na jovem e não conseguiu disfarçar sua admiração. "Como ela está linda" – pensou.

Lana percebeu e abriu um sorriso, discreto, mas não conseguiu conter sua expressão de felicidade por ter sido notada.

Dr. André, percebendo a situação, entendeu por bem interferir – Nossa Lana, você está ainda mais linda do que quando a deixamos aqui pela manhã, menina.

— Obrigada, Dr. André, mas só resolvi me cuidar um pouco. Já fazia um bom tempo que não ia a um salão, mulher tem destas coisas.... (sorriso). Mas, vocês não me responderam se posso participar desta comemoração, já que também tenho o que comemorar, estou com todos meus documentos, inclusive, cartões e preciso acertar com vocês as despesas que tiveram comigo durante este período, sei que nada irá quitar minha dívida de gratidão, mas faço questão de, ao menos, acertar as despesas que vocês bancaram.

João Alberto permaneceu calado. Ficava somente olhando, meio de canto de olho, para não correr o risco de, novamente, ficar encarando a jovem.

— Lana, fico feliz que você tenha conseguido a segunda via de todos seus documentos. Até que foi rápido, o pessoal aqui é muito amigo e tenho certeza que fizeram de tudo para agilizar, mas não se preocupe com isso, você não nos deve nada. Só espero que você não venha nos informar que está pensando em ir embora rapidamente, pois isto estragará nossa noite – falou Dr. André.

— Certamente que não pretendo estragar a comemoração de vocês, então façamos o seguinte, deixem eu participar desta rodada de vinho e petiscos e prometo que hoje não falarei nada de meus planos, vamos somente aproveitar esta noite linda.

Neste momento, Dr. André chamou Mercedes e pediu para que trouxesse mais uma taça, outro vinho, mandioca frita e queijo.

— Posso perguntar o que estão comemorando? – indagou Lana.

— Diga a ela João – falou Dr. André.

— É que hoje resolvemos algumas pendências antigas da Fazenda e ainda recebemos um telefonema do Luiz que nos pareceu muito bem, o que nos encheu de alegria.

— Que ótimo, fico muito feliz por vocês. É sempre muito bom quando reencontramos pessoas queridas.

— Você não pode imaginar a minha ansiedade, Lana, fazem mais de quatro anos que não vejo meu filho. Só nos falamos por telefone e raramente.

— Então, brindemos a este futuro encontro. – Falou Lana.

Passaram muitas horas conversando, bebendo e petiscando, quando se deram conta estava quase amanhecendo e resolveram se recolher.

João Alberto, por sua vez, mesmo após absorver várias garrafas de vinho, não conseguia dormir. Sentia que algo estava por acontecer e tinha a impressão que não seria nada bom. Não sabia se era pelo retorno inesperado de seu irmão, o qual nunca teve muito juízo ou se era pela possível partida de Lana, que iria embora sem nada esclarecer como chegou até lá e quem era efetivamente.

Realmente foi uma daquelas noites terríveis, angustiantes. João Alberto aguardava ansioso pelo amanhecer, assim poderia sair com Tufão pela Fazenda e quem sabe, encontrar respostas para suas dúvidas.

E assim foi feito. O sol ainda nem tinha aparecido completamente e João já foi para o celeiro aprontar Tufão. Sequer aguardou pelo café da manhã, queria aproveitar também o sereno da manhã para cavalgar.

Assim que o sol firmou no horizonte, trazendo a confirmação de que seria um dia muito quente, como era comum naquela região, João Alberto montou em Tufão e saíram pela Fazenda. A sintonia entre os dois era tanta que muitas vezes o jovem chegava a acreditar que Tufão conseguia ouvir seus pensamentos, tanto que, estranhamente, Tufão dirigiu-se até o Riacho da Cachoeira do Machado, próximo de onde Lana havia sido encontrada, sem qualquer comando de João Alberto.

Tufão parou bem próximo do riacho. João Alberto apeou e resolveu molhar o rosto, depois ficou olhando para Tufão, sem nada dizer, somente observando se as suas desconfianças seriam confirmadas. "Será que o Tufão tem este poder mesmo?", questionou-se.

No entanto, João Alberto voltou à realidade após ouvir vozes que vinham do outro lado da margem. Pessoas conversando, provavelmente um homem e uma mulher, mas estavam cochichando, o que impossibilitava a certeza.

Calma e silenciosamente, João Alberto dirigiu-se para próximo de onde acreditava que estavam vindo as vozes. Realmente ele tinha razão, eram um homem e uma mulher. Aproximou-se mais para tentar ouvir melhor e identificar as pessoas. Era estranho, àquela hora haverem funcionários circulando pelo local, o que instigou ainda mais a curiosidade de João Alberto, que foi se aproximando, sempre com muito cuidado para não ser notado.

Quando estava quase identificando as pessoas, Tufão resolveu relinchar. Diante do barulho ocasionado por Tufão, as pessoas que estavam por ali debandaram imediatamente, impossibilitando João Alberto de descobrir quem estava ali.

João Alberto dirigiu-se para o local onde estava Tufão, que continuava a relinchar, acalmando-o. Com Tufão mais calmo, se dirigiu até o local onde acreditava que as pessoas estavam, visualizando que deixaram marcas de calçados diferentes. À primeira vista parecia que eram dois homens e uma mulher, pelo tamanho e profundidade das pegadas, o que não foi difícil identificar, já que era muito próximo a margem do riacho onde a terra, a maior parte do ano, permanecia úmida.

Assoviou para Tufão, o qual, em resposta, chegou rapidamente ao local onde João Alberto estava. O jovem montou e tentou localizar as pessoas, mas ninguém foi visto, assim, decidiu retornar ao Casarão para conversar com seu pai.

— Mercedes, o meu pai ainda não se levantou?

— Bom dia pra você também, João. Seu pai levantou mais cedo e já saiu, não falou onde iria.

— Obrigado, Mercedes, e a Lana, ainda não levantou?

— Não vi esta menina por aqui não, João. Mas acalme-se, parece que viu uma assombração. Sente-se que vou te servir. Nossa, menino, você está me assustando.

Sem mais nada falar, João Alberto saiu ligeiro, apreensivo. Depois de algum tempo, percebeu que não poderia fazer nada naquele momento e o mais indicado seria aguardar seu pai e expor a ele todo o ocorrido.

Dr. André, logo cedo, recebeu uma ligação do Dr. Peixoto, que solicitou ao amigo que comparecesse na delegacia, pois tinha necessidade de conversar pessoalmente.

CAPÍTULO 6

O Beijo

Na hora do almoço, João Alberto retornou ao Casarão, encontrando seu pai e Lana na cozinha.

— Boa tarde. – cumprimentou João.

— Boa tarde, meu filho, sente-se, vamos almoçar.

— Boa tarde, João.

João Alberto até pensou em comentar o ocorrido pela manhã, mas achou mais prudente falar em particular com seu pai. Assim, puxou outro assunto enquanto almoçavam.

— Papai, estou com dúvidas quanto ao adubo que está sendo utilizado nas plantações de soja, não estou muito confiante que seja tudo aquilo que falaram para o senhor. Será que não seria melhor pedirmos para substituir por outra marca que conhecemos e sabemos os resultados?

— Filho, estava mesmo pensando nisso, também estou com a mesma desconfiança, mas quem conhece tudo por aqui como a palma da mão é você. Então a decisão é sua, mas vou sugerir que você entre em contato com o fornecedor e peça a ele para trocar um terço do adubo, o restante, separe uma área e utilize para que possamos ver os resultados.

— Tudo bem, pai, mas quem decide por aqui é o senhor, mas farei isso. Concordo em testarmos este adubo em uma pequena área para não comprometer o restante do plantio. Caso seja tão bom quanto o fornecedor informou, na próxima, aumentaremos a quantidade, de forma gradativa.

— Isso mesmo, filho, se este adubo for tão bom quanto me falaram poderemos substituir o produto e em pouco tempo o fabricante mandará alguém até aqui para saber porque reduzimos o consumo e poderemos até conseguir preços melhores.

Lana permaneceu calada, mas com muita atenção na conversa.

— Aproveitando que está por aqui, meu filho, temos uma boa notícia para lhe dar.

— Legal, gosto muito de boas notícias.

— Você sabe das dificuldades que temos cada vez que precisamos de um veterinário aqui na fazenda, a demanda é grande e por aqui não temos muitos profissionais especializados em animais de grande porte.

— Isso é verdade. – respondeu João Alberto.

— Então, acredito que acabamos por resolver este problema. A Lana aceitou minha proposta e permanecerá aqui na fazenda, como veterinária. Continuará conosco no Casarão e será responsável pela saúde dos animais. Você já tem viagem marcada para o leilão, com certeza trará outros animais e estes já poderão ser examinados pela Dra. Lana. (sorrisos).

— Realmente é uma ótima notícia, agora posso ficar um pouco mais tranquilo com relação aos cuidados com os animais. – falou João Alberto.

— Bom, Lana – falou Dr. André – infelizmente tenho algumas obrigações na cidade e já estou atrasado, mas o João irá tirar todas suas dúvidas, ou melhor, João, não sei o que tem programado para hoje, mas arrume um tempo para levar a Lana para conhecer, com mais calma, as criações que temos e veja tudo que ela vai precisar, depois voltamos a conversar.

— Pode deixar, papai, assim que a Lana quiser, eu a levo.

— Ótimo, então só um minuto que vou trocar de roupa.

— Mas para que? – questionou João Alberto – você está muito bem assim.

— João, você é muito jovem, coisas de mulher, deixe a menina trocar de roupas, não queira contrariá-la, é uma roupa para cada ocasião... (todos riram). – falou Dr. André.

— Tudo bem, te espero na varanda então.

Poucos minutos depois, Lana aparece vestindo roupas simples, composta por uma calça jeans (bem colada), botas e uma camiseta básica, tinha conseguido ficar ainda mais bela do que se recordava.

João Alberto ficou admirando os cabelos ruivos, bem penteados, caídos sobre os ombros e cobrindo parte das costas, que refletiam com a luz do sol, o que a deixava ainda mais atraente. Acabou perdendo-se no tempo e ficou ali, parado, imóvel, somente observando, o que não lhe era peculiar, tendo em vista que sempre foi uma pessoa discreta, nada incisiva, mas desta vez, sentiu seu coração descompassar...

Lana percebeu que estava sendo observada, mas disfarçou muito bem, deixando que o jovem a admirasse, afinal, há muito ela esperava que isso ocorresse e percebeu que este seria o momento.

Quando se aproximou de João Alberto, Lana esbarrou em um copo que estava em cima de uma mesinha, derrubando-o, o qual estilhaçou por completo.

— Nossa, como sou desajeitada, me perdoe pelo copo, não sei onde estava com a cabeça, sou muito descuidada.

João Alberto, recuperando-se de seu estado catatônico com a queda do objeto, educadamente respondeu:

— Não se preocupe, isso acontece, vou avisar Mercedes e ela vai pedir para alguém limpar e recolher os cacos.

— De forma alguma João, me espere mais uns minutinhos que eu mesma resolvo isso. Afinal, fui eu quem ocasionou o estrago. Faço absoluta questão, não vamos importunar a já tão atarefada Mercedes.

Neste momento, Simone, filha do capataz Antônio passou pela sala e ao ouvir a conversa se dirigiu a varanda.

— Oi, para vocês – disse Simone – passou um furacão aqui?

— Simone, que bom que você estava por perto, houve um pequeno incidente e o copo caiu, você poderia nos fazer a gentileza de dar um jeito por aqui? (Questionou João Alberto).

— Sem problemas, João, pode deixar que eu limpo.

Simone foi educada, mas não perdeu a oportunidade para, disfarçadamente, fuzilar Lana com seu olhar. Ao contrário de Lana, João Alberto nada percebeu e Lana retribuiu com o mesmo olhar para Simone, mas nada falou.

— Obrigado, Simone. Então, Lana, podemos ir, pois o dia aqui se encerra muito cedo e a caminhada é longa.

— Tudo bem, João. Simone, obrigada por sua ajuda – Falou Lana, fitando Simone nos olhos de forma até mesmo ameaçadora.

— Não há de que, Lana, deixarei tudo como o João gosta e quando vocês voltarem estará tudo ajeitado.

— Então, Lana, vamos andando, a Simone é realmente muito prestativa e eficiente em tudo que faz, tenho certeza que quando voltarmos tudo estará do jeito que ela falou.

Lana não quis olhar novamente para Simone, afinal, tinha que manter como a última a olhar de forma fulminante.

Simone ficou somente observando os dois saírem, mas a sua fisionomia mudou, de uma moça delicada e sorridente passou para um olhar irado, mas somente Lana reparou tal mudança.

Saíram com os cavalos que já estavam prontos, percorreram uma parte da fazenda, onde João Alberto mostrava para Lana algumas criações, como funcionavam, cuidados etc., que se manteve atenta o tempo todo as informações do próprio João Alberto quanto aos empregados responsáveis por cada local que eles passavam. Trocaram informações, conversaram muito sobre tudo o que estava sendo visto. Lana fez algumas críticas e apresentou algumas sugestões, o que agradou muito a João Alberto.

No entanto, pelo avançar da hora, Lana perguntou se daria tempo de continuarem a cavalgar pelas criações.

— Ainda temos mais alguns lugares para percorrer, mas não creio que será proveitoso, pois ao final da tarde os animais já começam a se recolher e você não poderá ver o dia-a-dia deles. Acho que seria melhor você ver os lugares em funcionamento para ter uma ideia melhor do que fazemos e nos ajudar a melhorar.

— Concordo com você, mas será que daria tempo de passarmos no riacho da Cachoeira do Machado antes de voltarmos?

— Com certeza, não estamos longe e ainda poderemos dar água para os cavalos, Tufão já está reclamando... (risos).

Assim se dirigiram ao riacho da cachoeira.

A tarde estava linda, o sol iniciando sua viagem para trás da colina formando um céu vermelho ao seu redor o que se refletia em toda vegetação local proporcionando ainda mais beleza à região.

Ambos apearam e deixaram os cavalos soltos, sentaram-se próximo ao riacho em silêncio. Estavam pensativos e um sentimento de carinho recíproco começou a tomar conta dos jovens.

João Alberto, diante de sua timidez, manteve-se calado e evitava a todo custo olhar para Lana, porém a jovem era impetuosa, sabia o que queria e que iria acontecer, resolveu iniciar um diálogo com a única intenção de que ele a olhasse nos olhos.

— Este lugar é lindo, deve ter sido desenhado por Deus diretamente.

João Alberto, ao revés do que pretendia Lana, olhou para o horizonte e respondeu – Você tem toda razão, este lugar me traz paz.

Diante da atitude do rapaz, Lana começou a ficar impaciente, mas não queria perder a oportunidade.

— Ai, acho que um inseto me picou... (falou Lana)

O jovem, de imediato, virou-se para Lana – Deixa-me ver, onde foi?

— Aqui perto da minha boca (disse Lana)

João Alberto olhou diretamente nos lábios de Lana, que foi se aproximando e, quando o jovem percebeu, ela já o estava beijando.

CAPÍTULO 7

Dossiê

Neste mesmo dia, Dr. André levantou-se apressadamente, mal tomou café, informando à Mercedes que tinha um compromisso na cidade e não gostaria de se atrasar, saindo em seguida.

Em pouco tempo, chegou à cidade, dirigindo-se diretamente a Delegacia, onde Dr. Peixoto estava aguardando.

— Bom dia, Peixoto.

— Bom dia, André. Por favor, sente-se, estou com o dossiê que lhe prometi. Gostaria que o amigo desse uma analisada e depois conversamos. Não tenha pressa, analise com muita calma. Vou dar uma saída rápida, mas em alguns minutos estarei de volta. Fique à vontade, a sala é sua e se precisar de qualquer coisa, é só pedir ao Marcelo.

— Obrigado, Peixoto, mas assim você me assusta.

— Não sei se é para tanto, mas daqui a pouco conversamos, disse o Delegado Peixoto e já saiu.

Dr. André abriu o envelope, retirou um dossiê e começou a ler, permanecendo o tempo inteiro com fisionomia séria e preocupada. Avançava e voltava algumas páginas, como quem queria a certeza de que estava entendendo tudo que ali se encontrava...

Após terminar a leitura, se retirou da sala do Dr. Peixoto, levando o dossiê consigo e deixando um bilhete para o delegado. Ao passar pelo cartório da delegacia, despediu-se do escrivão Marcelo, informando ao mesmo que estava levando o envelope e que deixara um bilhete ao Dr. Peixoto e depois conversaria com o mesmo.

"Meu amigo, vou fazer da forma como me orientou, mas estou levando a pasta comigo, o Chicão me falou que tem um amigo especial para nos apresentar, então, te encontro lá no início da tarde. Abs."

Dr. André, após o almoço com João Alberto e Lana, se dirigiu para o restaurante do Chicão.

— Boa tarde, Chicão.

— Boa tarde, André, acho melhor conversarmos no escritório, vá na frente que já te encontro.

Pouco minutos depois, Chicão entrou no seu escritório, ou seja, uma pequena sala onde o mesmo efetivava a contabilidade do restaurante e cuidava da parte administrativa, bem ajeitada e limpa.

— André, pelo que percebo a conversa é séria, então trouxe um pequeno reforço.

Neste momento, Chicão colocou sobre a mesa uma garrafa de uma pinga "especial", a qual era servida somente em ocasiões especiais e a grandes amigos.

— Eu sei que ainda é cedo para isso, mas como sempre, você sabe o que estou precisando, vai ajudar muito para clarear os pensamentos. Preciso que você dê uma olhada nestes documentos, com muita atenção.

Dr. André entregou o envelope a Chicão, o qual puxou o dossiê e começou a analisar página por página.

Chicão também se formou em direito com Dr. André e o delegado Peixoto, um excelente aluno, mas, após sua formatura, seus pais que já não vinham bem de saúde, vieram a falecer, primeiro a mãe e um ano depois, o pai. Assim, Chicão acabou assumindo a responsabilidade sobre o local, atendendo a último pedido do pai, razão pela qual não pode se ativar na área jurídica como sempre sonhou.

Algum tempo depois, antes mesmo de Chicão terminar de analisar os documentos, Dr. Peixoto entrou no escritório, com a feição séria e preocupada.

— Olá, Chicão, vejo eu que o André já lhe entregou o dossiê.

— Olá, Peixoto, sente-se e molhe a garganta. Estou tentando acertar as minhas ideias com o que estou vendo, mas está difícil de conciliar as informações, ou, não estou querendo entender o que está aqui.

— É, Peixoto, acho que teremos muito que conversar aqui. O melhor mesmo é clarearmos nossas mentes, quem sabe assim poderemos decidir o que fazer – falou Dr. André.

Da mesma forma que Dr. André, Chicão avançava e voltava nas páginas do dossiê, com extrema atenção e preocupação.

Quebrando o silêncio, Chicão falou: — Peixoto, quem mais teve acesso a estes documentos?

— Da forma em que está organizado, ninguém. O Marcelo teve acesso a partes dele, porém, as mesmas eram inúteis de forma separada. A maioria dos documentos foram passados diretamente por órgãos diferentes, sob sigilo, aos meus cuidados. Foi difícil colocar ordem nas informações para montar este documento. Depois de pronto, ninguém mais teve acesso além de nós.

— Melhor assim – disse Dr. André – quanto menos pessoas tiverem estas informações, será melhor, até mesmo porque, provavelmente, isto é somente a ponta do iceberg. Agora estou preocupado com o João.

— André, é melhor mantermos a calma. Sei que ainda é cedo para tirarmos qualquer conclusão, mas os indícios são fortes. Teremos que prosseguir com as investigações e você não poderá falar nada para ninguém, nem mesmo para o João. Tudo deve permanecer da forma que está, até mesmo para não atrapalhar nas investigações – falou Peixoto.

— É verdade, André, o Peixoto tem razão. Outra coisa, o João é muito esperto e não está em risco por enquanto. Ficarei atento a qualquer coisa que aconteça aqui na cidade e a qualquer pessoa estranha, o que para mim é mais fácil, já que o meu restaurante é o mais procurado por turistas e posso fazer isso com discrição absoluta.

— Certo, prestarei mais atenção na fazenda e na região. Qualquer novidade voltamos a nos reunir. Aqui é o melhor lugar, já que podemos vir em horários diferentes sem levantar qualquer suspeita, afinal, é o melhor ponto de encontro da cidade.

— Concordo com vocês, meus amigos – disse o delegado Peixoto – Vou prosseguir com as investigações pessoalmente, não quero mais ninguém da delegacia envolvido. Vou entrar em contato com um amigo de total confiança para que ele também análise estes documentos, depois repasso a vocês.

— Entendi. Bom, é melhor eu voltar para a fazenda. Mas antes, deixe-me tomar a saideira... (risos).

Após a reunião, Dr. Peixoto retornou a delegacia com o dossiê e Dr. André para a fazenda, mas no caminho ficou pensando em tudo que acabará de ler, pensando, no que mais estava por vir com a continuidade das investigações, o quanto teria que se esforçar para não demonstrar suas preocupações...

Ao chegar na fazenda encontrou com Mercedes, que lhe recebeu sorrindo – Pelo visto o senhor passou no Chicão. É que o senhor está rosado e eu sei que o Chicão tem um aperitivo que sempre deixa o senhor rosado... (risos).

— Verdade, Mercedes, só você mesmo...

— Onde está o João?

— Ainda não voltou, deve estar vendo as criações.

— É mesmo, pedi a ele que levasse a Lana com ele, mas já deve estar voltando. Vou tomar um banho e converso com ele mais tarde.

Dr. André se recolheu e por volta das 19h30 foi avisado por Simone que a janta estava pronta.

Ao chegar na cozinha, encontrou João Alberto e Lana, que o aguardavam para jantarem.

Conversaram por um bom tempo e como de costume. Após o jantar, foram saborear um licor e conversar mais um pouco. Dr. André não conseguia tirar da cabeça tudo o que leu no dossiê.

— Papai, está tudo bem? Estou achando o senhor um tanto quanto disperso.

— Está tudo bem, meu filho, estou só preocupado com um processo que está meio tumultuado e estou cansado também, vou me deitar e amanhã estarei melhor.

Dr. André, resolveu ir para seu quarto mais cedo para evitar mais perguntas.

— Bom, João, pelo visto, só sobramos nós. Que tal continuarmos a apreciar este licor em outro lugar?

— Tem alguma sugestão, Lana?

Lana, com um sorriso maroto, pegou a garrafa de licor e os copos em uma mão e puxou João Alberto com a outra. – Vem comigo.

Lana conduziu João Alberto diretamente para seu quarto, onde passaram a noite.

Dr. André levantou no horário de costume. Ao chegar na cozinha questionou Mercedes se João Alberto já havia tomado café.

— Ele não apareceu aqui ainda.

— E a Lana?

— Ela também não apareceu aqui ainda.

Neste momento Lana aparece. – Bom dia, acho que perdi a hora hoje, não sei o que aconteceu, mas dormi como a muito tempo não conseguia.

— Bom dia, Lana – disse Dr. André – Por acaso você sabe o paradeiro do João?

— Não, Dr. André, como lhe falei, acabo de acordar e certamente o João não estava no meu quarto (riso), desculpe a brincadeira.

— Bom dia a todos – João Alberto apareceu todo feliz – Bom dia. papai, bom dia, Mercedes, bom dia, Lana.

— Que milagre é esse, você vindo tomar café a esta hora. Falou Dr. André.

— Verdade, papai, mas com a nova doutora que o senhor contratou, consegui ficar mais tranquilo quanto aos cuidados com os animais, então hoje não precisei levantar tão cedo, mas pode ficar tranquilo que só vou tomar café e já estou de saída. Tenho muito o que fazer ainda hoje e estou com uma tremenda disposição.

— Que bom, meu filho, muito me agrada em ver que você está mais tranquilo e cheio de energia, mas estou com umas ideias que gostaria de conversar com você, mas podemos fazer isso durante o almoço.

Cada um seguiu o seu caminho, mas antes, escondidos de todos, Lana e João Alberto se beijaram.

Pouco antes do horário do almoço, João Alberto retornou ao Casarão, em seguida, chegou Lana.

— Bom, vocês podem esperar na varanda que vou pedir para a Simone levar um aperitivo para abrir o apetite e depois ela coloca a mesa enquanto termino o almoço e esperamos o Dr. André.

— Pode deixar, Mercedes – falou Lana – eu mesma sirvo o aperitivo, é claro, se vocês me permitirem.

Lana percebeu, no primeiro encontro, que Simone não havia simpatizado com ela e a recíproca foi verdadeira. O melhor seria evitar mais contatos, quando possível.

— Não vejo necessidade, mas fique à vontade, Lana – disse João Alberto.

— Então, pode ir para a varanda que já levo os aperitivos, quero ver se eu acerto o seu gosto. — Falou a jovem sorrindo.

Lana se dirigiu para o escritório do Dr. André, onde o mesmo guardava parte das bebidas em uma cristaleira de jacarandá belíssima, juntamente com os mais variados tipos de copos e taças.

Algum tempo depois, Dr. André retornou e foi de encontro a João Alberto na varanda.

— Está sozinho? Cadê a Lana?

— Ela foi preparar os aperitivos, mas deve estar apanhando, pois já tem algum tempo. – Respondeu.

— Então, deixe-me socorrer a moça.

Dr. André, ligeiramente dirigiu-se ao escritório, quando abriu a porta encontrou Lana com três copos pequenos nas mãos, guarnecidos com bebidas de cores diversas. Ao ver Dr. André, abriu um sorriso e falou: — Acho que demorei demais para decidir, o senhor tem uma variedade enorme de bebidas, a maioria delas eu sequer conheço

— É verdade minha jovem, a maioria são bebidas exóticas de várias partes do país e do exterior, muitas delas eu também não conheço e, sinceramente, tenho até medo de experimentar... (risos), mas deixe eu te ajudar, já fiquei sabendo que você é um pouco desajeitada.... (risos).

— Nisso o senhor tem razão, obrigada, não quero manchar o seu tapete. A Mercedes iria querer me matar... (risos).

Após apreciarem o aperitivo na varanda, se dirigiram a cozinha, onde a mesa estava perfeitamente arrumada e Lana ficou feliz ao perceber que a Simone não estava no local.

Como de costume, era uma comida simples, tipicamente do interior, porém, com grande variedade e farta, afinal, todos os empregados comiam a mesma refeição que era servida aos patrões, um costume implantado pela Sr. Lurdes, a qual exigia que todos fossem tratados com respeito e igualdade, o que fazia aumentar a admiração de todos os funcionários da fazenda pela esposa do Dr. André.

Assim, João Alberto e Luiz foram criados, juntamente com os filhos dos empregados da fazenda, como uma grande família, sendo que a única diferença ocorreu na adolescência, uma vez que estes passaram a estudar em colégio particular, diferentemente dos filhos dos demais empregados. E isso somente ocorreu porque Dr. André não poderia arcar com a despesas para todos e não poderia abrir mão de que seus filhos tivessem curso superior para poderem manter a administração da fazenda e seus negócios, quando necessário fosse.

CAPÍTULO 8

Algo sobre Luiz

Apesar de estudar em condições diversas dos filhos dos empregados, João Alberto se manteve amigo dos mesmos, repassando os conhecimentos obtidos e ajudando os demais em suas tarefas escolares. Porém, Luiz, ao revés, foi se distanciando de todos e se inteirando cada dia mais com os colegas de escola, filhos de pessoas destacadas na sociedade e com alto poder aquisitivo. E em pouco tempo passou a, praticamente, ignorar as pessoas da fazenda e se desfazer de todos os ensinamentos advindos de sua zelosa mãe, o que trazia uma grande tristeza.

Luiz se distanciava cada vez mais, não só das pessoas quanto dos assuntos da fazenda e dos negócios da família, o que veio a se agravar ainda mais com o ingresso na faculdade de direito, onde passou a residir na capital e participar, com frequência, de festas regadas a bebidas e drogas, confusões e arruaças, se envolvendo com mulheres e pessoas sem qualquer lastro.

Após sua formatura no curso de direito, com muita insistência do pai, foi trabalhar com o mesmo no escritório. No entanto, demonstrou que o período de faculdade serviu somente para que se deleitasse com a esbórnia, pouco conhecimento sendo absorvido nos bancos da faculdade, apesar da arrogância marcante que adquiriu.

Diante disso, os conflitos com o Dr. André passaram a ser cada vez mais constantes, o que se agravava pelo fato de João Alberto ser o oposto, apesar das incitações constantes de Luiz para que João Alberto lhe acompanhasse em seus descaminhos e perversões, obtendo sempre respostas negativas, o que motivava Luiz, em cada resposta negativa de João Alberto, proferir ofensas e ameaças.

João Alberto acompanhava de perto o sofrimento de seus pais, sendo que Luiz não respeitava sequer o estado de saúde de sua mãe, que já se encontrava debilitada, porém, sempre mantinha o ar amigo, fraterno e angelical com o qual o Sr. André se apaixonou.

Em certa noite, bem ao tardar, pouco tempo após o falecimento da Sra. Lurdes, Luiz, que estava fora de casa a alguns dias, sem qualquer notícia, apareceu completamente transtornado, aparentemente embriagado e drogado, com o som da caminhonete que havia lhe sido dada por seu pai, no último volume, acordando a todos, inclusive os empregados.

Dr. André levantou de seu leito e foi ao encontro de Luiz, com a nítida intenção de acalmar o filho e trazê-lo para dentro de casa.

João Alberto também acordou e levantou-se, com a intenção de ir ao encontro do irmão. No entanto, Dr. André se aproximou de Luiz primeiro e, quando foi falar com o filho, recebeu um soco certeiro em seu queixo, o que o levou ao chão desacordado. Ao ver esta cena, João Alberto perdeu o controle e se atirou como uma onça em cima do irmão, o qual não teve qualquer tempo de reação, sendo atingido como que por um raio, recebendo toda sorte de golpes desferidos por Joao Alberto, o que também levou Luiz ao solo, cuspindo sangue, que também se via escorrendo por suas narinas.

Por sorte, alguns empregados conseguiram segurar João Alberto e toda sua fúria, pois se assim não fosse, certamente, Luiz não teria sobrevivido ao ataque feroz de seu irmão.

Enquanto Dr. André foi conduzido para o Casarão, João Alberto foi levado para uma das casas dos empregados, onde foi acalmado e passou a noite, sendo informado, constantemente, das condições de saúde de seu pai. Quanto ao Luiz, este foi removido para o hospital da cidade por Antônio e Jeremias.

No dia seguinte aos fatos, Dr. André foi ao hospital ver o estado de saúde do filho. Porém, somente conseguiu falar com o mesmo após uma semana, tendo em vista que Luiz permaneceu sob efeito de forte medicação para sua reabilitação e desintoxicação.

João Alberto não chegou a visitar seu irmão no hospital. Embora tenha agido por instinto em defesa de seu pai, se sentia envergonhado de seu comportamento furioso, inclusive, sendo aconselhado por Mercedes a aguardar o retorno de Luiz para que pudessem conversar e se acertarem, o que foi atendido.

Após a recuperação, Luiz recebeu alta médica, retornando para o Casarão, onde deveria permanecer em repouso por mais alguns dias, até efetiva recuperação. Dr. André, diariamente, ia até o quarto de Luiz para conversarem, João Alberto foi aconselhado por seu pai a aguardar o total reestabelecimento do irmão para que estes pudessem conversar.

Alguns dias depois, João Alberto foi chamado pelo seu pai para que lhe acompanhasse até os aposentos de Luiz. João Alberto mantinha uma mistura de alegria, receio e vergonha, mas atendeu ao pedido de seu pai e o acompanhou até o quarto do irmão.

Ao ingressar no quarto, encontrou seu irmão sentado na cama, muito bem vestido e corado, aparentando estar calmo e quando este olhou para João Alberto, abriu um sorriso e pediu para o seu irmão lhe dar um abraço.

João Alberto não se conteve e ao abraçar seu irmão começou a chorar compulsivamente, Luiz beijou a face de João Alberto e falou: — João, pare com este choro, vamos esquecer todo o ocorrido, sei que errei e que tenho errado muito com todos vocês e talvez tenha precisado da surra que tomei para acordar para a vida. Você é e sempre será o meu irmão mais velho e peço a Deus que um dia eu possa ser, ao menos um pouco, parecido com você.

Continuaram abraçados em silêncio até João Alberto se reestabelecer.

— Luiz, me perdoe pelo mal que lhe causei, não tenho justificativa para minha fúria incontrolável.

— João, esquece, você fez o que tinha que fazer, e, se eu fosse um terço do homem que você é, teria feito o mesmo. Estou bem, completamente reestabelecido, e agora, conversei com o papai e ele vai me dar uma nova oportunidade para que eu tenha condições de ser uma pessoa melhor, mudar minha vida e trazer alegrias para vocês.

— Fico feliz, Luiz, estou com você, sempre, no que precisar sabe que pode contar comigo. Quero meu irmão de volta, como éramos antes de mamãe morrer.

— Eu sei, irmão que posso contar com você, sempre, mas decidimos que o melhor é que eu vá buscar tudo isso em outro ambiente, outro país. Assim, estou indo para a Europa para estudar, tentar aprender tudo que não aprendi na faculdade por minha ignorância. Vou fazer cursos de especialização e mestrado, mas desta vez, vou me dedicar a mudar minha vida e meu comportamento, e prometo que vocês não irão me reconhecer quando eu voltar.

João Alberto ficou atônito com a notícia do irmão, não queria acreditar. Um sentimento de culpa assolou o jovem, afinal, até a adolescência eram muito amigos, companheiros, viviam experiências juntos, e agora, Luiz os estava deixando, indo embora para um país distante....

— Mas, Luiz, não vejo necessidade de você sair do país, poderia fazer tudo isso aqui mesmo, talvez em outro Estado, mas aqui, perto de nós – falou João Alberto.

— João, papai também cogitou esta hipótese, mas não quero ter facilidades. Afinal, papai conhece todo mundo importante neste país, e no final, se eu não conseguir me manter firme, como sempre, ele acabará resolvendo os problemas que posso criar. O melhor mesmo é eu saber que estarei por minha conta e risco, ou faço as coisas direito ou terei que responder pelos meus atos e omissões.

— João, eu também relutei de início, não queria que Luiz fosse para tão longe, mas os argumentos utilizados por ele são completamente irrefutáveis. Você sabe que ele tem razão – disse Dr. André, e continuou – Hoje os meios de comunicação nos facilitam manter contato direto com o exterior, irei providenciar tudo que for necessário para que possamos falar com o Luiz sempre que desejarmos.

— Papai, isto é outra coisa que devemos deixar acertado – asseverou Luiz – o fato de eu ter decidido em ir buscar o exterior já é para que eu possa me virar, se mantivermos contato constante, será a mesma coisa que estar aqui.

— Mas você pensa em ir quando? – questionou João.

— Na próxima semana. Sei que estão abertas inscrições em algumas universidades com início no próximo semestre em Londres, assim, terei tempo de encontrar um local para morar e ir me adaptando até o início do curso – esclareceu Luiz.

— Mas você ainda não está completamente reestabelecido, por que você não deixa para o início do ano? – falou João.

— Isso também eu e o papai já conversamos, será melhor. Não quero permanecer por aqui e correr o risco de voltar a cometer os mesmos erros anteriores, e ainda, o curso que pretendo fazer somente se inicia no meio do ano, aí eu teria que esperar mais um ano.

— Eu sei que parece uma medida desesperada João, mas entenda, o Luiz tem razão, o que nos resta é confiar nele e rezar para que Deus ilumine seus caminhos. – falou Dr. André.

— Bem, a medicação já está fazendo efeito, estou ficando com sono, depois nós conversamos mais. Mas fique tranquilo, João, amanhã nós poderemos cuidar dos preparativos, isso se você quiser e tiver tempo para me ajudar. – disse Luiz.

— Com certeza, Luiz, vou agilizar o que posso para que amanhã tenhamos este tempo juntos.

Passados alguns dias, Luiz já estava recuperado da surra que levou de João Alberto, ao menos fisicamente, sendo acompanhado por João Alberto e Dr. André até o aeroporto da Capital, onde iniciou sua viagem à Londres.

CAPÍTULO 9

Noite longa para Lana

Após a refeição, Dr. André, João Alberto e Lana, permaneceram por mais um tempo conversando à mesa.

— A conversa está ótima, como sempre, mas agora eu também tenho minhas responsabilidades aqui na fazenda, e já perdi o período da manhã. Então, vou ver os animais e conversar com o Dito (que era o responsável pelas rações servidas aos animais) se ele encontrou as rações que eu pedi e ajudá-lo a preparar as mesmas. – falou Lana.

— Estive pesquisando sobre as rações que você pediu para encomendar e acredito que farão muito bem aos animais e, por falar nisso, já chegaram. Encontrei com o Tião quando estava saindo da fazenda e ele me falou que efetuou a entrega de tudo, estão lá no celeiro. Aproveitei e pedi para o Dito cuidar do armazenamento nos silos. – informou Dr. André.

— Eu vou aproveitar e ir até a cidade. Preciso conversar com o pessoal para prepararem o necessário para minha viagem ao leilão no sul na próxima semana. – falou João.

— O que pretende comprar, João? – questionou Dr. André.

— Nossa, pai, não acredito que o senhor não está sabendo deste leilão. Estarão sendo expostas e comercializadas diversas raças de cavalos, entre eles Appaloosa e Mustang e bois de corte das raças Brahman e Charolês.

— São raças ótimas, muito resistentes e de grande aceitação no mercado. – falou Lana.

— Tudo bem então. João, realmente não estou mais com muita atenção nestas coisas. Afinal, você é quem está à frente há muito tempo, assim, não preciso me preocupar e posso me concentrar em outras atividades.... – falou Dr. André.

— Não é bem assim, papai, mas de qualquer forma, aprendi com o melhor...

— Já que todos estão envoltos a alguma atividade, eu não posso ficar olhando para o teto, né? Vou preparar os documentos que preciso levar a Capital, amanhã, para conversar com o presidente do Tribunal. – falou Dr. André e cada um seguiu o seu rumo.

No fim da tarde, todos estavam no Casarão. João Alberto deixou seu quarto trajando uma calça jeans escura, colada, camisa branca muito bem passada e botas marrom, típico de quem gosta de viver no campo. Estas roupas combinavam com João Alberto. A roupa justa destacava ainda mais o seu corpo bem torneado. A barba por fazer lhe conferia um ar charmoso.

Lana também não ficou atrás. Pouco depois saiu de seu quarto também trajando uma calça jeans bem colada, uma blusinha de seda rosa e uma sandália aberta. Estava linda, com os cabelos soltos e bem penteados, que apresentavam um brilho exuberante, o batom combinando com a blusa a deixava com um ar sofisticado, mas também destacavam seus lábios.

Dr. André já estava na varanda, trajando o que para ele era o básico, calça social escura e camisa clara muito bem passada, sapatos brilhando. Estava apreciando uma dose de uísque e olhando para o horizonte, perdido em seus pensamentos.

— Boa noite, papai, está divagando novamente?

— Oi, meu filho, quando se chega a uma certa idade, é o que mais se faz, divagar.... (risos). Resolveu tudo na cidade?

— Sim, resolvi que vou de avião até São Leopoldo e lá alugo um carro para ir para o leilão. Foi feita a reserva no hotel próximo e não devo demorar, acho que em dois dias estarei de volta. – falou João Alberto.

— Então leve o Antônio com você. Ele tem mais experiência para dirigir em estradas e está acostumado com as rodovias em São Leopoldo. Além do mais, ele adora viajar e faz muito tempo que está preso aqui na região. Qualquer coisa o Dito pode fazer as vezes do Antônio aqui, e será por poucos dias mesmo.

— Boa ideia, papai, vou falar com o Antônio e se ele quiser já ligo para o escritório e peço para comprarem outra passagem e mais uma reserva no hotel.

— Boa noite... – falou Lana

João Alberto virou-se para cumprimentar Lana, porém, quando olhou para a jovem, quase lhe faltaram palavras. Como poderia uma mulher, vestida de forma simples, estar tão linda e radiante? (pensou João).

— Boa noite, Lana, estou vendo que a fazenda está lhe fazendo muito bem, você está cada dia mais bonita – falou Dr. André, percebendo que seu filho perdeu a fala.

— Boa noite, João, você não me respondeu.

— Desculpe, Lana, boa noite.

— Alguém está servido a me fazer companhia neste uísque? – questionou Dr. André.

— Vou buscar mais dois copos – respondeu rapidamente Lana, se dirigindo para o escritório onde eram guardados.

Quando Lana estava saindo do escritório, bateu de frente com Simone, que parecia que estava esperando por Lana, o susto foi inevitável.

— Nossa, Simone, que susto...

— Se você assustou é porque está devendo algo – falou Simone.

— Como assim? O que você está querendo dizer com isso?

— Você sabe muito bem, Lana, está escondendo algo e eu vou descobrir. Não fique pensando que ninguém está te observando, pois tem muita gente de olho em você e no dia em que a verdade vier à tona, quero ser a primeira a chutar seu traseiro para fora desta casa.

— Não estou entendendo, Simone, tá certo que você nunca foi com a minha cara, mas não tenho nada a esconder. Ao menos, pelo que me lembro, mas pode ter certeza que se alguém vai ter o traseiro chutado será você.

— É o que veremos, Lana, é o que veremos...

Simone saiu pela cozinha sem ser notada. Lana ficou vermelha e voltou para a varanda com os copos na mão, porém estava trêmula.

— Nossa, Lana, o que aconteceu, viu um fantasma? Perguntou João Alberto.

— Estava mais para assombração... (risos), mas aqui estão os copos.

Dr. André serviu a bebida e voltaram a conversar, Lana acabou se perdendo em seus pensamentos com as palavras de Simone, o que ela quis dizer com "tem muita gente de olho em você"? Será que ela estava sendo vigiada? Quem estaria vigiando? João? Dr. André? Mercedes?

— Lana, você não gosta de uísque? Se quiser pego outra bebida para você – falou João Alberto, percebendo que Lana sequer havia colocado a boca no copo.

Acordando para a realidade, respondeu Lana: — Não, João, gosto sim, é que lembrei de uma coisa que preciso fazer amanhã, só isso.

Durante o jantar, Lana praticamente se manteve calada. Estava perdida em seus pensamentos, mas como Dr. André e João Alberto estavam muito entretidos com os projetos da fazenda, acabaram por não notar, o que foi ótimo para Lana, que não teve que explicar o porquê estaria tão distante.

Após o jantar, João Alberto convidou Lana para ir até a cidade, já que estava uma noite linda e de temperatura agradável. No entanto, Lana não se viu em condições de aceitar o convite, pois poderia deixar transparecer sua preocupação.

— Me perdoa, João, mas hoje não estou com vontade, estou um tanto cansada. Acho melhor deixarmos para outro dia. Já vou me deitar, boa noite.

Lana virou as costas e saiu, deixando João Alberto parado, atônito, somente observando-a ir para o quarto.

Ué, o que aconteceu com esta mulher? (pensou João Alberto).

Dr. André, que estava próximo aos jovens e ouviu a conversa, também ficou cismado, mas sua preocupação maior era outra, diversa da negativa de Lana, mas preferiu manter-se calado, como quem não havia notado nada.

— Bom, papai, a noite está linda, vou até a cidade bater um papo com o pessoal e me divertir um pouco. Quer que traga alguma coisa?

— Sim, meu filho, você inteiro... (risos), vá e volte com cuidado.

João Alberto entrou em sua caminhonete e saiu rumo a cidade.

— Simone, o que deu em você? Por que falou daquele jeito com Lana?

— Nada demais, Mercedes, somente fiz o que já deveria ter feito. Esta mulher não me engana, ela está querendo aprontar alguma coisa, será que vocês não percebem?

— Você está com implicância, já tinha percebido que você estava cismada com ela, mas não pensei que chegaria a tanto. – respondeu Mercedes.

— Ela não me engana (repetiu), vou provar para vocês que ela não vale nada, que toda aquela conversa de perda de memória é mentira. Vocês vão ver, podem esperar.

Simone saiu irritada. Mercedes ficou admirada, jamais havia visto aquela moça daquele jeito, sempre foi tão meiga, educada e prestativa, será que estava com ciúmes, pensou, só pode ser ciúmes.

Lana se revirava na cama, mas não conseguia deixar de pensar nas palavras de Simone. Foi uma noite longa.

CAPÍTULO 10

Noite nublada

Quem é vivo aparece... tudo bem, João? – perguntou Paula quando da chegada de João Alberto no restaurante do Chicão.

João Alberto não pode deixar de reparar como Paula estava linda, apesar das roupas simples, o seu sorriso estava ainda mais cativante, o seu corpo escultural, era realmente de parar o trânsito.

— Olá, Paulinha, tudo bem, e contigo?

— Estou bem, estava com saudades, está sozinho?

— Sim, e o Chicão, como está?

— Meu pai está bem. Hoje está muito tranquilo e ele resolveu ir mais cedo para casa. Pelo visto não teremos mais movimento, ainda bem que você veio, assim, terei mais tempo para conversar com você, afinal, não é sempre que tenho esta oportunidade. Então me fale o que você quer, que irei preparar e conversaremos um pouco.

— Não quero dar trabalho, pelo visto você está sozinha, até o Pedro já foi embora (Pedro é o responsável por preparar as bebidas e porções).

— Que nada, me viro muito bem na cozinha, pode pedir que você terá uma surpresa.

— Então, tá, uma cerveja e você escolhe a porção, pode ser?

— Feito, vou trazer a cerveja agora e quando trouxer a porção, poderemos conversar – falou Paula.

A jovem trouxe a cerveja a foi para trás do balcão preparar a porção. Neste meio tempo chegou Jackeline. Estava linda como sempre. Seus cabelos loiros pela cintura lhe conferiam um grande destaque, sempre bem cuidada, maquiada e bem vestida, com corpo de sereia, não havia quem não olhasse para ela.

— Olá, João, quanto tempo, esqueceu dos pobres?

— Olá, Jack, mas não estou vendo nenhum pobre aqui (sorrisos). Como vão as coisas?

— Tudo bem, graças a Deus, e com você? Anda sumido.

— Estou bem, muito serviço na fazenda, mas também sou filho de Deus e tenho direito a um pouquinho de descanso e, pelo que percebo, em ótimas companhias (referindo-se as duas beldades que estavam no restaurante).

— Olá, Paula — gritou Jackeline — que milagre é esse do João por aqui?

— Você viu, menina, falei para ele que quem é vivo aparece. Estou terminando uma porção e já levo mais cerveja e copos. Vou fechar as portas e podemos ficar mais tranquilos aqui.

— Ótima ideia, Paulinha – falou Jackeline – Assim o João não foge (risos).

Assim efetivou Paula, levando os copos e as cervejas à mesa onde estavam João Alberto e Jackeline. No entanto, quando dirigiu-se à porta, com o intuito de fechá-la, levou um susto, "deu de cara" com Carlos (investigar de polícia), o qual estava com a clara intenção de entrar no recinto.

— Boa noite, Paula, ainda dá tempo para uma bebida? Estou precisando e muito. – falou Carlos

— Nossa, Carlos, que susto. Já estava fechando, deu sorte, entra, o João e a Jackeline estão aqui. Parece que hoje é a noite do retorno dos desaparecidos... (risos).

— Obrigado, Paula, pode ficar tranquila que não pretendo demorar. O dia hoje foi muito tenso, preciso de um trago para aliviar o estresse.

— Então sente-se lá. O que quer que eu te sirva?

— Faz o seguinte, leve uma garrafa de uísque na mesa, não sei se vocês irão me acompanhar...

— Tá, senta lá que já estou levando....

— Jackeline, João, como estão? Faz muito tempo que não os vejo.

— Olá, Carlos – falou Jackeline – anda sumido, moço, nem passa mais no salão para um papo, mas pelo visto você não anda me traindo, está precisando de cuidados com este cabelo (risos).

— É verdade, não tenho tido muito tempo para cuidar da minha aparência. E aí, João, tudo certo contigo?

— Olá, Carlos, graças a Deus tudo certo, mas o que está acontecendo de tão importante que você está neste corre? Será que perdi algum acontecimento na cidade? – falou João Alberto.

— Infelizmente não posso comentar. Trata-se de uma investigação meio complicada e está em sigilo absoluto, mas certamente, quando chegarmos a uma conclusão, todos acabarão sabendo.

Paula, chegando com o uísque falou: — Nossa, quanto segredo, pelo visto o negócio é com gente importante, vai, deixa de frescura, conta logo... (risos).

— Infelizmente não posso, mas vamos mudar esta prosa para que não me complique (risos)— asseverou Carlos – Realmente devo estar muito tempo sem contato com vocês meninas, é impressão minha, João, ou elas estão ainda mais lindas?

— É impressão sua, Carlos, seria impossível que elas conseguissem ficar ainda mais lindas do que já são por natureza... (risos).

— Vamos parar com esta falsidade (falou Jackeline) e vamos brindar este encontro. (risos).

Carlos, realmente, se demonstrava inquieto e pensativo. Deixava transparecer que um turbilhão de pensamentos martelava sua cabeça, não conseguia manter uma conversa, pois a todo o momento se desligava do ambiente, como se não estivesse no local.

João Alberto percebeu, mas preferiu não falar nada naquele momento. Mesmo porque sabia que Carlos não iria se sentir à vontade para conversar, principalmente na presença de outras pessoas, embora muito amigas, mas o assunto parecia ser muito sério.

Assim, permaneceram por algumas horas bebendo e conversando, quando Carlos se levantou – Gente, obrigado pela companhia, mas preciso ir embora, daqui a algumas horas tenho que sair em novas diligências e preciso de um banho e tentar descansar um pouco.

— Calma, Carlos, fique mais um pouco... (falou Jackeline).

— Meninas, também estou indo, o dia na fazenda começa muito cedo e tenho muito que fazer, vou aproveitar a carona do Carlos – falou João Alberto.

— Arre, até parece que viram um fantasma – falou Paula – acho que a nossa companhia não está sendo boa Jackeline.

— É o que parece, Paulinha – respondeu Jackeline.

— Nada disso – disse Carlos – o salão só abre após o almoço, então Jackeline não tem muito com que se preocupar e aqui será aberto pelo Chicão, a Paulinha poderá dormir até próximo da hora do almoço, mas eu e o João estaremos na labuta em algumas horas.

— Verdade, meninas, o Carlos tem razão, mas não faltarão oportunidades para que nos encontremos com mais tempo. Aliás, estou pensando em organizar um luau na fazenda, somente para poucos amigos, bem que vocês poderiam ver isto para mim....

— Tá bom, João, agora você quer que acreditemos que você terá tempo para organizar um luau? Só se sua nova "amiguinha" preparar. – Retrucou Paula na mesma hora.

— Deixa de bobeira, Paulinha, quando você a conhecer melhor poderão até se tornarem amigas (risos).

— Duvido.

João Alberto e Carlos, após se despedirem, saíram juntos, para a tristeza das moças que esperavam algo mais para aquela noite.

Quando já estavam fora do recinto, João Alberto iniciou a conversa:

— Carlos, percebi que você está muito preocupado. Posso te ajudar de alguma forma? Quer conversar mais um pouco?

— Obrigado, meu amigo, mas como disse, não posso falar nada ainda. Mas, aproveitando a ocasião, quero lhe pedir um favor.

— Pode pedir, farei o possível para atender – respondeu João Alberto.

— Por favor, tome muito cuidado, fique esperto com tudo e todos que estão à sua volta, tem muita coisa estranha acontecendo e ninguém está seguro.

— Nossa, Carlos, assim você me assusta. Tem alguma coisa com sua investigação?

— Pode ser, mas não posso lhe adiantar nada, somente fique atento, eu te peço Fique sempre atento, não confie em ninguém e não comente também está nossa conversa. Para todos efeitos, nos encontramos e ficamos trocando ideias "de bar" somente – respondeu Carlos e se despediu de João Alberto, tomando rumo diferente.

João Alberto foi até seu carro, pensando nas palavras de Carlos. Os dois são amigos desde pequenos, aquele tipo de amizade verdadeira, sincera, mesmo não mantendo contato com frequência.

O que será que Carlos quis me dizer? Por que tomar tanto cuidado? Por que não confiar em ninguém? O que está acontecendo? (João Alberto ficou questionando em sua mente).

Enquanto isso, ainda no restaurante do Chicão, Jackeline e Paula não se conformavam....

— Que saco, Paulinha, depois que o Carlos chegou até pensei que a noite iria render algo mais, afinal, os dois homens mais bonitos da cidade aqui, a nossa disposição, e deixamos irem embora assim, nem sequer uns beijinhos (risos).

— Nossa, Jack, estava pensando exatamente a mesma coisa. O pior é que o Carlos, pelo que vimos, está totalmente focado no trabalho e o João.... Ah, o João, este está ainda mais enroscado, aquela mulherzinha não desgruda dele, parece um carrapato.

— É, Paula, eu conheci a moça, Lana. Me pareceu gente boa, mas tem algo de estranho com ela, parece que esconde alguma coisa, sei lá, é estranha....

— Não tive muito contato e ainda assim não fui com a cara dela, não me fez nada, mas sabe quando você não simpatiza com uma pessoa? Não sei, não senti que ela seja do bem... falou Paula.

Jackeline não conseguiu segurar e abriu uma enorme e contagiante gargalhada.... – Isto está me parecendo um ciúme daqueles....

— Para com isso, Jack, que ciúme que, não tenho nada com o João, só não gostei dela, "arre" – falou Paula.

CAPÍTULO 11

Quem teria feito isso?

Embora tenha dormido poucas horas, João Alberto levantou muito disposto e não poderia ser diferente. Tinha muito que fazer naquela manhã, saindo logo cedo com Tufão para percorrer as plantações e pastos, verificar os celeiros e silos, entre outras atividades.

Quando retornou para o almoço, verificou que o carro do Delegado Peixoto estava estacionado na frente do Casarão. O mais estranho é que seu pai havia saído cedo com Antônio, pois tinha assuntos a tratar na Capital.

Avistou o Delegado Peixoto na varanda, com uma xícara de café, se dirigindo rapidamente até ele.

— Bom dia, Dr. Peixoto, que bons ares o trazem aqui? A Mercedes falou para o senhor que o meu pai saiu cedo hoje e deve voltar somente no final da tarde?

— Bom dia, João, falou sim, mas a minha vinda aqui não foi para conversar com seu pai, mas sim com você – respondeu Delegado Peixoto.

— Comigo? Aconteceu alguma coisa?

— Sim, João, aconteceu... (respondeu o delegado com um ar muito triste, olhos marejados).

— Dr. Peixoto, por favor, assim o senhor me preocupa, aconteceu alguma coisa com meu pai?

— Calma, João, a única notícia que tive de seu pai foi a que a Mercedes e você me deram, tenho certeza que ele está bem...

— Então fala logo, o que aconteceu?

— Você esteve com o Carlos ontem? (questionou Delegado Peixoto)

— Sim, estávamos no Chicão com a Paula e a Jackeline até por volta das duas horas da manhã, por que? Aconteceu alguma coisa com o Carlos?

— Infelizmente o Carlos foi encontrado morto próximo a casa dele...

João Alberto, por pouco, não perdeu os sentidos – Como assim, delegado? Como encontrado morto? Ele estava bem, um pouco cansado, mas bem...

— É, João, mas a saúde dele não é a questão. Vou precisar que você me acompanhe até a delegacia. Preciso saber de tudo que conversaram e o que você sabe. Já liguei para o seu pai e ele está voltando, não deve demorar a chegar e vai nos encontrar na delegacia. Podemos ir agora?

— Claro, Dr. Peixoto, se o senhor permitir, somente vou trocar de camisa.

— Fique à vontade, João, só peço que não demore.

João Alberto, ao chegar em seu quarto, começou a chorar compulsivamente. Quem teria feito isso com Carlos? Por quê?

Após alguns minutos, João Alberto se recompôs, lavou o rosto, trocou de camisa e, juntamente com o delegado Peixoto, se dirigiu para a delegacia.

No caminho para a delegacia, João Alberto questionou o delegado sobre a morte de seu amigo.

— João, ainda não temos a confirmação, uma vez que os legistas chegaram a pouco da Capital, mas pelo que vi o Carlos foi assassinado por uma arma branca. Foi profundamente estocado na região abdominal e ainda observei que o assassino subiu com a arma pelo menos mais uns oito centímetros, deixando um rasgo considerável.

— Deus Pai, doutor, quem poderia fazer isso com ele? Uma pessoa pacata, não fazia mal a uma mosca, tinha amizade e era respeitado por todos na cidade.

— É o que pretendemos descobrir, por isso o seu depoimento é indispensável, pode nos ser de grande valia. Chegamos.

Dr. Peixoto fez questão de demonstrar a João que não havia qualquer suspeita sobre ele, sempre sendo atencioso e educado, como era de costume, principalmente pela amizade longínqua que mantinha com Dr. André.

Ao chegarem, perceberam que havia um movimento grande em frente à delegacia. Alguns repórteres da Capital já estavam aguardando a chegada do delegado. Notícias como esta, em uma cidade do interior, se espalham feito rastilho de pólvora.

— João, acho melhor você descer aqui, não quero que vejam que você está comigo no carro para não imaginarem bobagem. Você sabe como é o pessoal da imprensa. Enquanto distraio os repórteres você dá a volta e entra por trás. Vou avisar o Marcelo para abrir a porta dos fundos.

— Entendi, encontro o senhor lá dentro.

João Alberto desceu do carro a uns setenta metros da delegacia. O delegado prosseguiu e parou em frente aos repórteres que esperavam "ouriçados".

Ao chegar aos fundos da delegacia, sem ser notado, João Alberto foi recebido pelo escrivão Marcelo.

— Olá, João, entra. O delegado pediu para você aguardá-lo na sala dele. Seu pai já está chegando e também entrará por aqui e te encontrará lá – falou Marcelo.

— Obrigado, Marcelo. Ainda não consigo acreditar no que o Dr. Peixoto me contou...

— Olha, apesar de estar nesta vida a um bom tempo, também não estou acreditando, mas vamos descobrir quem foi o canalha que fez isso com o Carlos. Pode ter certeza, não vamos descansar enquanto não colocarmos as mãos nesse monstro.

— Podem contar comigo para o que for preciso. Carlos era meu amigo desde a infância.

João Alberto dirigiu-se à sala do delegado. Poucos minutos depois entrou Dr. André.

— Oi, filho, como você está?

— Nada bem, papai, por que fizeram isto com o Carlos? Não consigo entender.

— Calma, filho, imagino o quanto esta notícia te abalou, mas tenho certeza que o Peixoto e sua equipe vão investigar com muito afinco. Quando estava voltando, entrei em contato com o Secretário de Segurança Púbica e ele irá encaminhar mais policiais para ajudarem nas investigações.

— Que bom, papai, se eu puder ajudar de alguma forma, contem comigo.

— Eu sei, meu filho, eu sei.

O delegado entra em sua sala, cumprimenta Dr. André com um forte abraço.

—João, preciso que você responda algumas perguntas. Não precisa ficar preocupado, você não está sendo investigado, mas, pelo que sabemos, foi o último que esteve com o Carlos. Já ouvimos a Jackeline, e foi ela quem encontrou o corpo quando estava indo embora para casa nesta madrugada. – explicou o delegado.

— E a Paula, já está sabendo?

— Certamente que sim. Acho que toda a cidade já está sabendo. Ouviremos a Paula mais tarde.

Continuou o delegado:

— Me conte tudo que se lembra desta noite, procure se lembrar dos detalhes, por favor. O Marcelo estará digitando tudo e se você e o André permitirem, gostaria de gravar nossa conversa para que não percamos nada, afinal, embora o Marcelo seja muito ligeiro na digitação, ainda assim não quero que nada se perca, pode ser?

Concordaram com o Delegado.

João Alberto passou a narrar ao delegado tudo o que ocorreu naquela noite, inclusive quanto ao estado emocional de Carlos, como ele estava preocupado etc.

— Ok, João, aí vocês saíram do restaurante do Chicão, e depois? – questionou o delegado.

— O Carlos me falou que estava muito cansado e que precisava dormir um pouco. Falei que ele precisava cuidar um pouco mais de sua saúde e até sugeri que pedisse uns dias de folga para se recompor, mas ele falou que somente poderia pensar nisso após o término de uma investigação que estava em curso.

— Entendi, João, mas ele falou que investigação era essa, deu mais algum detalhe?

— Doutor, vou ser sincero, pois confio no senhor como confio em meu pai. O Carlos não falou sobre o que se tratava a investigação, mas me pediu para tomar muito cuidado, ficar atento e não confiar em ninguém, só isso.

— Entendi, João.

— O senhor sabe porque ele me falou isto?

— Talvez sim, mas preciso verificar algumas coisas primeiro, depois, se for o caso, falo com você. Sobre mais o que conversaram?

— Mais nada, doutor, nos despedimos e ele seguiu para a casa dele e eu para o carro.

— Entendi. Caso você se lembre de mais alguma coisa me avise e se eu precisar falar com você de novo eu te chamo.

— Claro, doutor, pode contar comigo no que precisar.

— Estou certo disso, João, estou certo. Agora, você poderia acompanhar o Marcelo até a sala dos escrivães, pois preciso falar com o seu pai em particular.

— Sem problemas. Obrigado, doutor.

— Eu é que agradeço, João, e tenha certeza que não irei descansar enquanto não colocar este vagabundo atrás das grades.

João Alberto acompanhou o escrivão Marcelo enquanto seu pai permaneceu com o delegado a portas fechadas.

— Peixoto, você acredita que o assassinato do Carlos está envolvido com a investigação que ele estava fazendo, não é?

— Tenho quase certeza que sim, mas não podemos esquecer que o Carlos era investigador de polícia e colocou muita gente perigosa atrás das grades. Não poderei descartar qualquer possibilidade por enquanto.

— Concordo com você, porém, temo que tenha sido uma forma de retaliação pelas investigações. Você sabe que o Carlos era implacável, não se amedrontava e ia até as últimas consequências.

— André, na verdade, penso como você, mas prefiro não acreditar nesta hipótese, pois, se realmente foi isso, temo que existe ainda mais coisa neste caso e que estamos no caminho certo. Alguém está incomodado e mandou um aviso. É melhor vocês ficarem muito atentos, principalmente você e o João. O que você acha de contratar uns guarda costas?

— Não sei se será uma boa. Como iria justificar isto ao João?

— Se você me permitir, tenho um pessoal da minha extrema confiança. Não se tratam de meros seguranças, mas profissionais altamente treinados, depois eu lhe conto, em detalhes.

— Vindo de você eu confio, então peça para me procurarem na fazenda.

— Vou entrar em contato e depois te falo. Mas, por favor, fique atento e mantenha sigilo desta nossa conversa, principalmente quanto ao pessoal que, certamente, irá te procurar.

Após esta rápida conversa, Dr. André e João Alberto retornaram para a fazenda. No caminho, João Alberto tentou extrair de seu pai o teor da conversa que teve com o delegado, mas Dr. André, ligeiro que era, apresentou um teor totalmente diverso da realidade, encerrando o assunto.

Ao chegarem à fazenda, dirigiram-se diretamente a cozinha, onde Mercedes os aguardava com o almoço pronto.

— Mãe Santíssima (expressou Mercedes ao vê-los), o que estão dizendo por aí é verdade? O Carlos foi assassinado?

— Infelizmente sim, Mercedes. – respondeu Dr. André – Solicitei ao Secretário uma força especial para ajudar o Peixoto com as investigações. Acredito que em pouco tempo teremos respostas para este crime.

— Deus Pai, me lembro dele criança, brincando com os meninos aqui na fazenda.

— Verdade, Mercedes, mas é melhor mudarmos de proza. Esta conversa ainda machuca, principalmente o João.

João Alberto permaneceu calado por todo o tempo.

— Mercedes, e por aqui, tudo calmo? A Lana já almoçou? (indagou Dr. André)

— Para falar a verdade, eu não vi a Lana hoje, acho que ela saiu cedo já que não tomou café aqui e nem almoçou.

— Então me faça uma gentileza, vá ao quarto dela ver se está tudo bem – solicitou Dr. André.

— Tá, estou indo é agora.

Pouco tempo depois, Mercedes retorna à cozinha.

— Ela não está no quarto.

— Mas ela dormiu aqui, né? – perguntou João Alberto.

— Acredito que sim, muito embora ela tenha o costume de arrumar a cama ao levantar e manter o quarto sempre muito bem organizado, parece que a cama sequer foi desfeita – respondeu Mercedes.

— Veja se algum dos funcionários a viu hoje, por favor, Mercedes – pediu Dr. André.

— Deixa, papai, não estou com fome. Vou dar uma volta por aí. Quem sabe ela está entretida com os nascimentos dos bezerros que até esqueceu de almoçar. Darei uma olhada.

— Mas, menino, pra que tanta gastura, almoça primeiro. – falou Mercedes.

— Tudo bem, Mercedes, vai ser melhor para ele. Vai, filho, qualquer coisa você me procura no escritório. Estou aguardando umas pessoas e atenderei lá.

— Pode deixar, papai.

CAPÍTULO 12

Londres

Luiz está em sua casa próxima ao centro de Londres. É um dia típico londrino, garoa fina e fria, a lareira está acesa, uma taça de conhaque está sob a mesinha ao lado da poltrona.

O telefone celular toca, o que traz Luiz de volta a realidade.

— Alô, até que enfim você me ligou. Tudo saiu como planejado?

— Sim.

— Algum problema?

— Não. Tudo resolvido do jeito que foi determinado.

— Ótimo. Agora é comigo, qualquer coisa entrarei em contato.

— Ok.

Luiz, ao receber a confirmação de que tudo tinha saído como planejado abriu um sorriso. Matou em um só gole a taça de conhaque, se levantou, pegou seu sobretudo e saiu.

Pouco tempo depois estava em seu escritório, também no centro Londrino. Um conjunto de salas muito bem aparelhadas, estilo moderno, contando com vários funcionários e assessores.

— Bom dia, Dr. Luiz – cumprimento a recepcionista.

— Bom dia. Ligue para meu pai, preciso falar com ele.

Ao chegar em sua sala, o telefone tocou. Ao atender foi informado pela recepcionista que o seu pai estava na linha.

— Olá, papai, como estão as coisas por aí?

— Mais ou menos, meu filho, tivemos uma notícia desagradável hoje. – respondeu Dr. André.

— O que houve?

— Você se lembra do Carlos, investigador de polícia?

— Sim, gente boa.

— Ele foi assassinado nesta madrugada.

— Como? Assassinado?

— Sim, filho, terrível.

— Nossa, papai, o João deve estar muito triste. E, por falar nele, como ele está? Faz um tempão que não falo com ele.

— Tirando isto ele está bem. Quando você pretende vir nos visitar?

— Agora vai ser um tanto quanto complicado. Estou em um projeto que não posso parar agora e não tem quem possa dar continuidade sem a minha presença. Mas bem que o senhor e o João poderiam vir até aqui passar um tempo comigo. Londres é linda nesta época do ano.

— Realmente, filho, mas Londres é linda em qualquer época do ano. De qualquer forma, também não podemos sair daqui agora, embora seu convite seja tentador. Além do que, se você está tão envolvido em um projeto, certamente a nossa presença iria lhe atrapalhar, já que você teria a preocupação de nos dar atenção e não terá muito tempo para isso. Mas vamos esperar mais um pouco, quando você estiver mais tranquilo me avise que tentarei convencer o João a sair um pouco daqui. Estes ares farão muito bem a ele.

— Com certeza, papai, sei o quanto João é ligado à fazenda e todos os negócios. Seria bom ele dar uma relaxada.

— Mas me diga, filho, que tipo de projeto você está tão envolvido? De repente poderia lhe ajudar de alguma forma.

— Não posso dar detalhes papai, mas em síntese é uma empresa que está investindo em negócios imobiliários em vários países, inclusive aí. Tenho que buscar estas terras, verificar documentações, analisar viabilidades e retorno dos investimentos. Estou com uma equipe somente para estas questões. Isso além dos demais processos que tenho no escritório.

— Entendi, mas se precisar de alguma coisa aqui, me avise. Você sabe que conheço pessoas influentes em todo território, pode ser que sejam úteis.

— Já pensei nisso, papai, mas no momento, estamos focados na Austrália e África. Quando as atenções se voltarem para a América do Sul eu te falo. O João está por perto?

— Não, filho, o João está pela fazenda com o Tufão.

— Nossa, as vezes chego a ter ciúmes do Tufão... (risos). O João dá mais atenção àquele cavalo do que às pessoas. Mas diga para ele que eu liguei e que está tudo bem por aqui, que estou com saudades e que mando minhas condolências pela morte do Carlos.

— Pode deixar, filho, eu digo sim. Fique com Deus.

— Vocês aí também, papai.

Assim que desligou o telefone, Luiz percebeu que uma mulher estava em pé em sua sala. Cabelos pretos como a noite, compridos até a cintura, que se destacava no corpo escultural daqueles 1,75 metros aproximadamente, sem contar o salto, olhos azuis, pele branca, sorriso marcante, trajando um vestido azul marinho tipo tubinho, um lenço branco no pescoço, sapatos brancos.

— Nossa, que susto, assombração. – falou Luiz – Você não sabe bater na porta antes de entrar?

— Me perdoe, Luiz, não sabia que necessitava destas formalidades. Da próxima vez peço para anunciar a minha chegada ou ligo antes para agendar com você. – respondeu a moça.

— Tá, me desculpe, é que realmente eu assustei. Me deixe dar uma olhada em você. Linda como sempre.

Luiz se levantou de sua cadeira, abraçou a mulher e se beijaram.

— Você não tem jeito mesmo, sabe que eu não resisto – falou a mulher.

— O que precisa? Perguntou Luiz

— Preciso que você me acompanhe. O chefe quer muito falar com você, pessoalmente, e por isso mandou que viesse te buscar e cuidar para que você vá comigo. Agora.

— Sei, – respondeu Luiz – posso até imaginar sobre qual assunto ele quer tratar pessoalmente, mas haveria alguma possibilidade de atrasarmos um pouco, assim, tipo uma hora?

Antes que a mulher se manifestasse, Luiz novamente a beijou e ela correspondeu ao seu beijo prazerosamente. Os dois se entregando a carícias e foram se despindo ali mesmo e mantiveram relação sexual intensa.

Após se recuperarem, se dirigiram para o estacionamento, onde uma limusine preta, com motorista, os aguardava e foram conduzidos a uma cidade próxima a Londres.

Chegaram a uma casa enorme, com portão de duas folhas, tipo nobreza. O motorista anunciou sua chegada no interfone do portão e os mesmos se abriram. Passaram por um jardim vultoso, muito bem cuidado. A casa contava com forte sistema de segurança, com câmeras e homens armados por toda parte.

Na entrada, uma porta de madeira maciça com duas folhas de três metros de cumprimento por quatro metros de altura, toda trabalhada, maçanetas douradas. Dois seguranças uniformizados de ternos pretos, camisas brancas e gravatas cinza chumbo os receberam e ao verem a moça que acompanhava Luiz, abriram as portas.

Ao entrarem, Luiz observou que se tratava de um salão enorme. Maior, inclusive, que todo seu apartamento, muito bem ornado com móveis estilo coloniais, as mais variadas obras de arte, tapete de oito milímetros de espessura no tom bege claro. No fundo, duas escadarias que se encontravam no ambiente superior, várias portas nas laterais e atrás das escadas.

Um senhor, aparentando a idade de 70 anos, alto, magro, cabelos grisalhos e curtos, trajando um terno cinza chumbo, camisa branca e gravata vinho os recebeu com um sorriso nos lábios.

— Boa tarde, Dr. Luiz. Olá Madeleine.

— Boa tarde – respondeu Luiz.

— Olá, Fester, como tem passado? – questionou a lindíssima jovem.

— Muito bem, o Sr. McGregor os aguarda no escritório, por favor, me acompanhem.

Dirigiram-se para o lado direito de quem entra. Fester abriu a porta e ingressaram no escritório, uma sala com pelo menos 60 metros quadrados, contando com vários sofás e poltronas em couro marrom, muito bem distribuídas pelo ambiente, mais obras de arte, uma enorme estante aos fundos, uma mesa com tampo de mármore azul.

Um senhor, aparentando 75 anos, com cabelos brancos e um cavanhaque no mesmo tom, magro, estava sentado do outro lado da mesa, em uma cadeira de couro marrom na mesma tonalidade dos sofás e poltronas, segurando um charuto e em cima da mesma um copo com alguma bebida.

— Sr. McGregor, estão aqui. Estarei aguardando lá fora, caso precise de alguma coisa.

— Obrigado, Fester. Olá, Madeleine, finalmente conseguiu trazer o Dr. Luiz.

— Não pense que foi fácil, Sr. McGregor – respondeu a jovem.

— Posso imaginar, Madeleine, certamente você teve que usar de seus artifícios para convencê-lo.

— Mais ou menos, mais ou menos – respondeu a jovem, com um sorriso no rosto.

— Dr. Luiz, a algum tempo aguardo a sua prestimosa visita. Acredito que já saiba do que iremos tratar – falou Sr. McGregor.

— Na verdade, Sr. McGregor, tenho uma leve desconfiança, mas sem querer ser deselegante, gostaria que o senhor me falasse sobre o que se trata.

O Sr. McGregor riu sarcasticamente.

— Não estou nada satisfeito com a demora para a finalização do projeto que está incumbido. Estamos perdendo muito tempo e dinheiro e ainda sequer iniciamos na América do Sul. Os investidores estão questionando e os relatórios que você vem apresentando. Não são convincentes. Já investimos muito tempo e dinheiro e não poderemos recuar neste momento – afirmou o Sr. McGregor.

— Entendo, Sr. McGregor, no entanto, posso afirmar que os relatórios são fidedignos. Estamos encontrando alguns percalços pelo caminho, nem todos entendem a dimensão do projeto e acabam por dificultar o progresso, mas estou me empenhando ao máximo, dentro dos limites legais. – justificou Luiz.

— Pelo que percebo, o doutor ainda não entendeu completamente a importância deste projeto para a corporação. Amanhã você irá para o continente africano, onde deverá permanecer até conseguir solucionar, pessoalmente, todas as dificuldades que me apontou em seus relatórios. Estarei disponibilizando dois ajudantes, altamente qualificados, para lhe acompanhar e eles deverão utilizar de todos os meios para que o projeto, neste continente, seja integralmente implantado, independente dos limites da lei. Você terá o prazo de dois meses e nem mais um dia. Caso não consiga, lhe garanto que não voltará.

Luiz ficou pálido, suas mãos congelaram, não conseguia sequer argumentar, faltava-lhe o raciocínio.

— Madeleine, acho que fui muito claro. Certifique-se de que minhas determinações serão cumpridas integralmente e que nada falte ao Dr. Luiz para completar a missão que lhe foi confiada. Obrigado pela presença, podem sair.

Luiz e Madeleine se levantaram ao mesmo tempo e saíram, foram conduzidos novamente ao estacionamento onde Luiz mantém seu escritório. Permaneceram calados por todo o trajeto. Quando chegaram, Madeleine segurou, delicadamente, no braço de Luiz e lhe entregou um envelope que continha a passagem para o continente Africano, passaporte com visto e uma grande quantia em dinheiro.

— Sr. McGregor não está brincando, Luiz, não haverá como você se safar desta. Resolva tudo e volte logo, por favor. – falou a jovem.

Madeleine puxou Luiz e lhe deu outro beijo na boca. Luiz nada falou, somente saiu do veículo e voltou para a sua sala, no mais completo silêncio.

Na manhã seguinte, Luiz estava aguardando para embarcar, quando dois homens bem vestidos, um aparentando 45 anos, moreno, alto, extremamente musculoso, cabelos e barba pretos, outro, aparentando não mais do que 55 anos, baixa estatura, magro, careca, com cavanhaque ruivo, se aproximaram, sentaram cada um de um lado de Luiz.

— Bom dia. – falou o mais baixo — Você pode me chamar de Smith e ao seu lado está o Call. Vamos lhe acompanhar durante o período em que estiver na África. Te peço que não tente nenhuma gracinha. O nosso amigo aí ao seu lado não tem muita paciência e não hesitará se tiver que ser um tanto quanto convincente.

— Entendi perfeitamente. Podem ficar tranquilos que não pretendo fazer nenhuma gracinha, estou bem ciente da minha missão e do porquê da presença de vocês. Espero que possamos terminar o mais rápido possível para que eu possa voltar em segurança – falou Luiz.

"PASSAGEIROS COM DESTINO AO CAIRO – EMBARQUE IMEDIATO PELO PORTÃO 8 E BOA VIAGEM"

Pouco se sabia sobre Madeleine. A única certeza era que ela trabalhava a algum tempo para o Sr. McGregor e com o tempo, passou a ocupar um lugar de destaque na corporação, diante de sua habilidade em utilizar todos os recursos que lhe fossem necessários para cumprir com as missões que lhe eram confiadas.

Luiz foi um dos que não conseguiram se desvencilhar do enorme poder de sedução de Madeleine, o que também não foi tão difícil para a jovem, que além de conhecer todas as artimanhas, encontrou um jovem fanfarão e com ares de conquistador, o que facilitou em muito a missão de Madeleine.

CAPÍTULO 13

A chegada de Jorge, Vicente e Raul

Dr. André estava em seu escritório quando Mercedes veio lhe avisar que três homens estavam aguardando na varanda. De imediato, Dr. André pediu que ela os trouxesse ao escritório, pois ele estava aguardando pelos mesmos.

— Dr. André, são estes homens que querem lhe falar – disse Mercedes.

— Obrigado, Mercedes, pode sair e fechar a porta, por favor – respondeu Dr. André.

— Boa tarde, Dr. André, muito prazer. Eu sou Jorge, e estes aqui são Vicente e Raul. Fomos indicados pelo Dr. Peixoto.

— Boa tarde, fiquem à vontade, estava aguardando por vocês. Acredito que o Peixoto já lhes deixou a par da situação e que vocês terão que se misturar com os demais empregados da fazenda para não levantarem suspeitas.

— Sim, Dr. André, inclusive, eu gostaria de sugerir a suposta função de cada um de nós aqui na fazenda, possibilitando que exerçamos nosso trabalho sem levantar qualquer suspeita – disse Jorge.

— Ótimo, o que sugere? – indagou Dr. André.

— Eu poderia trabalhar internamente no casarão, auxiliando nos serviços domésticos e de manutenção, assim permaneço por aqui a maior parte do tempo. O Vicente poderia trabalhar na oficina, pois tem grande conhecimento e habilidade com a manutenção de veículos, leves e pesados e o Raul junto ao celeiro e silos para controles de estoques, produção etc.

— Sim, interessante. Parece que o Peixoto conhece minha fazenda melhor do que eu...(risos). Só uma questão, temos uma casa vaga, que acomodariam o Vicente e o Raul perfeitamente. Está toda mobiliada e você poderia ocupar um dos quartos do casarão, será vizinho de Mercedes. O que acha?

— Perfeito, Dr. André.

— Vou pedir para o Antônio acompanhar Vicente e Raul para a casa e mostrar a fazenda. Quanto a você, Mercedes vai lhe acompanhar para mostrar seu quarto e as dependências da casa.

Dr. André interfonou para a cozinha e solicitou que Mercedes e Antônio fossem ao escritório.

— Pois não, Dr. André – falou Mercedes, ao lado de Antônio.

— Estes são Jorge, Vicente e Raul, nossos novos funcionários. O Jorge vai lhe ajudar nos afazeres doméstico, mas principalmente será o responsável pela manutenção do casarão, o qual está realmente precisando de cuidados. Assim, Mercedes, ele vai permanecer naquele quarto ao lado do seu. Então depois você acompanha o Jorge para que ele se instale e providencie o que for necessário.

E continuou:

— Antônio, o Vicente vai trabalhar na oficina, você está muito sobrecarregado e quero que tenha mais tempo para outros assuntos e funções e o Raul vai trabalhar junto aos celeiros e silos para controles de estoques, produção e o que mais for necessário nesta área. Portanto, leve-os para conhecer a fazenda e depois para a casa que foi do Arlindo. Antes de vocês saírem pela fazenda, peça para a Simone dar uma ajeitada na casa e providenciar tudo que for necessário.

— Jorge, Vicente e Raul, depois que vocês estiverem devidamente instalados, voltem aqui para conversarmos, por favor. Assim também poderão conhecer o João Alberto, meu filho.

Todos concordaram no ato.

João Alberto se dirigiu diretamente onde os animais estavam parindo, encontrando Lana auxiliando no parto.

— Boa tarde, Lana, tudo bem por aqui? - Questionou João Alberto.

— Olá, João, agora sim. Duas vacas estavam com problemas esta noite. Pensamos até que iríamos perdê-las, mas fiquei por aqui a noite toda e graças a Deus deu tudo certo. O parto foi um sucesso e você acaba de ter mais dois exemplares magníficos. As três éguas também estão em trabalho de parto, mas está tudo tranquilo. – respondeu Lana.

— Quer dizer que você passou a noite aqui, acordada, acompanhando as vacas?

— Mais ou menos, não fiquei o tempo todo acordada, me ajeitei ali no canto. O Jeremias providenciou um colchão e fiquei bem acomodada.... (risos), ele também trouxe comida e tomei café da manhã com os demais empregados, ali no barracão.

— Mas havia necessidade de você ficar aqui o tempo todo, desconfortável?

— Não se preocupe, eu amo o que faço e não fiquei desconfortável. A noite estava uma delícia e o Jeremias também trouxe cobertas que sequer usei. Acho que mais umas duas horas as éguas irão parir, aí poderei ir tomar um banho e trocar de roupas.

— Você está precisando mesmo – brincou João Alberto.

— Com certeza, devo estar horrível e fedida (risos), mas prometo que vou tomar um bom banho, colocar uma roupa limpinha e ficar cheirosa, mas como uma condição.

— Nossa, e precisa de uma condição para isso? – questionou João Alberto em forma de brincadeira – Mas tudo bem, qual seria esta condição?

— Que a noite você me acompanhasse em uma taça, ou melhor, uma garrafa de vinho, pode ser?

— Sim, madame, o seu desejo será atendido. Nos encontramos, então, mais tarde.

Assim, João Alberto, mais tranquilo, voltou ao estábulo para deixar Tufão e se dirigir para o Casarão, onde gostaria de voltar a conversar com seu pai sobre todo o ocorrido com o Carlos.

Jorge, Vicente e Raul aparentavam a média de 29 anos cada.

Jorge era de estatura mediana, por volta de 1,75m, moreno claro, cabelos lisos e curtos, bom porte físico, olhos negros e uma aparência de pessoa séria, mas extremamente educado e solícito.

Vicente já era o mais alto dos três, por volta de 1,92m de altura, branco, cabelos loiros compridos, os quais permaneciam a maior parte do tempo presos, muito forte e musculoso, olhos castanhos claros e extremamente brincalhão.

Raul era o de estatura mais baixa, cerca de 1,68m, franzino, com jeito de intelectual, descendência asiática, cabelos pretos lisos, curtos, olhos pretos, extremamente quieto e atento.

No mesmo dia iniciaram os préstimos pelos quais foram contratados, agindo com total discrição.

João chegou ao casarão e se dirigiu diretamente ao escritório de seu pai, onde o encontrou perdido em pensamentos.

— Boa tarde, papai, o que acontece? Em que planeta o senhor estava?

— Olá, João, realmente estava viajando um pouco, mas foi bom você ter vindo, falei com o Luiz.

— Legal, e como ele está?

— Me parece que está bem, está envolvido em um projeto que me pareceu bem complexo, mas é bom para que ele tenha preocupações profissionais. Só espero que não esteja envolvido com coisa errada.

— Vamos dar um crédito a ele, papai, afinal, já faz um bom tempo que não se envolve em encrencas, parece que, finalmente, tomou um pouco de juízo.

— Você tem razão, mas como diz o ditado popular, gato escaldado tem medo de água fria.

— Mas, papai, ele tem em mente quando virá para cá?

— Não sabe. Chegou a propor que fôssemos para lá passar algum tempo, mas já descartei. Ele mesmo falou que está muito ocupado e, pensando no que você disse, acredito ter feito o melhor. Vamos esperar mais um pouco para termos certeza que ele tomou juízo.

— Tá certo. Ah! A Lana passou a noite toda com os animais que estavam em trabalho de parto. Parece que uma das vacas premiadas teve algum tipo de problema, mas agora está tudo bem e o senhor vai ser avô de mais dois boizinhos...(risos).

— Que maravilha! Estes animais poderão ser preparados para ser procriadores, isto renderá excelentes frutos no futuro. Assim, você e seu irmão estarão garantidos, poderei descansar tranquilamente.

— Não entendi, que estória é essa de descansar? O senhor ainda tem muito que produzir. De vez em quando até poderei pensar em dar uns dias de folga para o senhor, mas não mais do que uns dias (risos).

E prosseguiu João Alberto:

— Mudando um pouco de assunto, estou pensando em amanhã, dar um pulo na cidade para falar com o Dr. Peixoto. Quero saber se tem alguma novidade quanto ao caso do Carlos.

— Meu filho, acho que o melhor é esperarmos. O Peixoto me prometeu que me manterá informado. Talvez esta sua vontade de ajudar poderá atrapalhar nas investigações. Eles são profissionais e tenho a mais plena confiança no Peixoto e sua equipe. Amanhã chegará uma equipe da capital para ajudar nas investigações, acabei de falar com o secretário de segurança pública do Estado.

— Entendi, o senhor tem razão, e se o Dr. Peixoto prometeu certamente irá cumprir, vocês são muito amigos de longa data.

— E coloca longa nisso, desde os tempos de faculdade de direito. Realmente, já faz muito tempo, e não foi à toa que ele batizou o Luiz.

— É verdade, havia me esquecido disto. Uma pena ele ter perdido a esposa tão cedo e não ter reconstruído sua vida com outra mulher, principalmente por não ter tido filhos. Uma pessoa tão íntegra quanto ele seria um excelente pai. Não tão bom quanto o senhor, mas quase lá (risos).

— Obrigado e concordo com você, o Peixoto seria um excelente pai. Mas ele mesmo diz que já tem dois filhos, você e seu irmão.

— É, ele sempre nos tratou como filhos, tenho muito carinho por ele.

TOC, TOC, TOC

— Com licença, posso entrar? Não querendo atrapalhar, mas já atrapalhando. – Falou Lana na porta do escritório.

— Que nada, Lana, fique à vontade, entre por favor. O João me contou que passou a noite fora...

— Verdade, Dr. André, mas foi por uma boa causa. Mas fique tranquilo, cuidaram muito bem da minha estadia, levaram até colchão... (risos).

— Mas você sabe que não precisava, poderia ter me avisado que eu mandaria o Antônio ir buscar o veterinário.

— De forma alguma, o que ele tem a mais do que eu? Outra coisa, embora eu tenha uma dívida eterna com todos vocês, eu fiz porque amo a minha profissão – falou Lana um tanto quanto contrariada.

— Me perdoe, Lana, não quis ser deselegante, não tenho a menor dúvida de sua capacidade e conhecimento. Só que me acostumei tanto com você aqui conosco que as vezes me esqueço da sua profissão. Aqui, você não é hóspede ou funcionária, mas sim, já faz parte de nossa família.

— Afff, Dr. André, assim o senhor me desconcerta. Eu tenho por vocês não somente um sentimento de gratidão por tudo que fizeram e fazem por mim, mas também um sentimento de amor.

— Que bom, Lana, que bom. – falou Dr. André.

— Gente, a "rasgação" de seda está comovente, adoraria permanecer aqui até começarmos a chorar, mas tenho o que fazer, vejo vocês mais tarde. – falou João Alberto.

— João, lembre-se do que conversamos. Deixe que especialistas cuidem do caso, não queira se envolver. – determinou Dr. André.

Ao sair do escritório, João Alberto encontrou Jorge, o qual estava trocando algumas lâmpadas na sala de entrada.

— Boa tarde – falou João Alberto, dirigindo-se a Jorge.

— Boa tarde – respondeu Jorge, e continuou – Você deve ser João Alberto, filho do Dr. André. Muito prazer, eu sou Jorge, recém contratado por seu pai para auxiliar a Mercedes e executar serviços de manutenção na casa.

— Muito prazer, Jorge, seja bem-vindo. Realmente, a Mercedes precisava de alguém para ajudar e a casa, necessita de reparos. O Antônio fazia o possível, mas tem muitas coisas a serem feitas que requerem mais conhecimento.

— Já estive com o Antônio, excelente pessoa. No início fiquei preocupado que ele se chateasse com a minha contratação, mas ele se mostrou muito prestativo e parece que entendeu da necessidade, até mesmo porque ele exerce diversas funções e estava precisando de ajuda. – respondeu Jorge e continuou – Certamente iremos nos encontrar com frequência aqui dentro, se você precisar de alguma coisa é só me chamar.

— Ok, Jorge, obrigado. Agora tenho que ir, depois conversamos.

João Alberto deixou o casarão. Lana saiu do escritório e também encontrou com Jorge no mesmo local que João Alberto.

— Olá – cumprimentou Lana.

— Olá – respondeu Jorge – Você deve ser a Lana. Muito prazer, sou Jorge, novo responsável pela manutenção da casa.

— Prazer, Jorge. Acertou, me chamo Lana e sou a veterinária da fazenda. Seja bem-vindo, tenho certeza que você irá adorar este lugar e todos que aqui vivem.

— Já estou me afeiçoando muito ao local. Quanto às pessoas, ainda não tive a oportunidade de conhecer todos, mas as que já conheci são muito boas.

— Que ótimo, agora preciso ir para o meu quarto.

— Ok, até mais – respondeu Jorge.

Percebendo que Lana havia saído do escritório, Jorge resolveu aproveitar a oportunidade para conversar com Dr. André.

— Boa tarde, Dr. André.

— Boa tarde, Jorge, posso lhe ajudar em algo? - Questionou Dr. André.

— Sim, iremos necessitar de alguns equipamentos e uma antena de internet. O Raul me passou a relação, gostaria que o senhor desse uma olhada. – entregou um papel para o Dr. André.

— Nossa, com tudo isso de câmeras e sensores esta casa se tornará uma fortaleza... Como vou explicar isso para o João? Os funcionários também se sentirão vigiados, é constrangedor.

— Fique tranquilo, Dr. André, eu mesmo farei a instalação dos equipamentos e ninguém perceberá a existência destes. Sou muito discreto e eles nos ajudarão a monitorar toda fazenda. O Raul é especialista e um dos melhores que já vi em monitoramento, isso trará muito mais segurança ao senhor e a todos da fazenda. Esta foi uma exigência do Dr. Peixoto e não quero decepcionar a ele e nem ao senhor.

— E onde pretende adquirir estes equipamentos? Aqui na cidade, com uma aquisição desta, em pouco tempo todos ficarão sabendo, cidade pequena.

— Pode ficar tranquilo, Dr. André, um amigo irá adquirir no próprio nome e trazer até a cidade. Vou me encontrar com ele em um local afastado para receber todo equipamento e farei as instalações durante o dia, quando todos estão ocupados com seus afazeres.

— Está certo. Quanto à internet, já vou pedir para trazerem uma nova antena mais potente, da capital, e solicitarem a operadora para que aumente a capacidade.

— Acredito que até amanhã estarei com todos equipamentos necessários.

— Obrigado, Jorge.

CAPÍTULO 14

Enterro de Carlos

— Boa tarde, Peixoto – cumprimentou Dr. André – tem um tempo para conversarmos?

— Claro, meu amigo, sente-se.

— Eu vim para ver contigo quanto ao enterro do Carlos. Já tem alguma ideia de quando o corpo será liberado?

— Sim, amanhã pela manhã. Inclusive já acertei tudo com a funerária e o cemitério.

— Gostaria de contribuir com tudo que for necessário. Inclusive, com as despesas de deslocamento dos familiares do Carlos e, se for o caso, a estadia deles, se assim necessário for.

— Fique tranquilo, Alberto, já deixei tudo acertado, mas se precisar de alguma coisa eu te falo.

— Tudo bem, já temos o resultado da necropsia?

— Está aqui. Pelo que você poderá ver o Carlos foi dopado e depois morto com golpe de punhal, o qual atravessou o estômago e subiu cortando até atingir o coração.

— Dopado? Qual a substância encontrada?

— Sim, Alberto, dopado por algum tipo de opioide ou benzodiazepínico. Ainda estão analisando, pois pedi que o resultado fosse mais detalhado. Precisamos saber, ao certo, qual a forma de ingestão deste produto, tipo de reação e quanto tempo depois de consumido passa a fazer efeito.

— Isto poderia justificar a forma do assassinato, afinal, provavelmente ele não teve qualquer poder de reação ao ataque. Outra dúvida é quanto ao punhal, ele não é instrumento cortante, mas sim perfurante.

— Normalmente não, mas este que foi utilizado estava muito bem afiado. (Neste momento, Dr. Peixoto puxa da gaveta um saquinho contendo o punhal e entrega para Dr. André).

— Onde localizaram esta arma?

— Um pouco mais acima da casa do Carlos, em uma rua lateral, dentro de um saco de lixo. Me parece que o assassino não se preocupou em esconder a arma, porém, não foi encontrada qualquer impressão digital, certamente ele estava usando luvas.

— Mas esta peça não é comum. Teria como rastrear a sua origem e possível aquisição?

— A princípio, esta arma não foi fabricada neste país. É importada e pode ter sido adquirida em vários sites, utilizando depósito bancário e identificação falsa, mas estamos trabalhando nisso em parceria com a equipe que o Secretário nos enviou e outros conhecidos que tenho.

— Entendi. Mais alguma informação relevante?

— Esta pulseira de ouro. – Dr. Peixoto mostrou outro saquinho, desta vez contendo uma pulseira.

— Foi encontrada no mesmo local?

— Foi encontrada bem próxima à casa do Carlos, onde ocorreu o crime. Ainda não sabemos se está ligada ao caso em si, mas estamos investigando. O fato de ser de ouro e não banhada já reduz as possibilidades, afinal, poucos na cidade teriam condições de adquirir esta pulseira.

— Tem razão, meu amigo.

— E os rapazes? O que achou? – questionou o delegado.

— Na verdade, Peixoto, nem estou certo que sejam necessários, mas já estão instalados e são muito discretos e inteligentes. Tive pouco contato com o Vicente e com o Raul, falo mais com o Jorge.

— O Jorge é o chefe da equipe, é um excelente profissional. Na verdade, ele é agente da Interpol, bem como os integrantes de sua equipe e o mais importante, é de extrema confiança. Quando falei com ele, o mesmo se comprometeu a cuidar deste caso pessoalmente. E, aproveitando, uma vez ou outra ele vai dar uma desaparecida da fazenda. É que está me ajudando no caso do Carlos e daquele outro que você sabe.

— Está certo. O João veio falar comigo há pouco que gostaria de vir conversar com você sobre o caso do Carlos, mas pedi a ele que não se envolvesse e que você me manteria informado. Tenho receio de que ele possa se inteirar demais e descobrir coisas que, ao menos por hora, ele não deve ter conhecimento.

— Certamente, fez muito bem, mas se ele aparecer por aqui eu dou meu jeito, pode deixar.

— Eu sei disso, Peixoto e te agradeço. Bom, agora preciso voltar para a fazenda, tenho algumas coisas para resolver por lá. Amanhã eu volto para o enterro, tenho certeza que terei que trazer muita gente da fazenda. O Carlos era muito querido por lá e estou pensando até em dar folga para todos amanhã.

— Te encontro lá então. Vai com Deus, meu amigo.

Na manhã seguinte, Dr. André disponibilizou todos os veículos da fazenda para que seus funcionários pudessem comparecer no enterro de Carlos.

No local de velório mal conseguiam ficar mais de 20 pessoas ao mesmo tempo. Assim, foi organizada uma fila para que todos pudessem prestar as últimas homenagens, que perdurou por mais de quatro horas. Parecia que toda cidade estava ali reunida. Dr. André se preocupou também com o bem-estar de todos, fornecendo água, suco e lanches.

João Alberto foi um dos primeiros a chegar, juntamente com Jackeline e Paula, exatamente os últimos a manterem contato com o Carlos. Todos estavam muito tristes, a amargura tomava conta dos corações. João Alberto, em várias oportunidades, experimentou o sentimento de revolta, pois não conseguia aceitar que alguém, por pior que fosse, tivesse coragem de fazer aquilo com uma pessoa como o Carlos.

Dr. André foi acompanhado por Mercedes, Simone e Lana, sendo que Simone e Lana se comportaram bem na presença de Dr. André, mas não trocaram uma só palavra.

O cortejo saiu em direção à campa onde Carlos seria sepultado. João Alberto fez questão absoluta de carregar uma das alças do caixão, somente largando quando foi colocado no local, permanecendo durante todo o tempo calado, sério.

Após o sepultamento, João Alberto se dirigiu aos pais de Carlos para apresentar suas condolências. Os conhecia e eles o tinham como que da família diante da proximidade entre João Alberto e Carlos, amigos desde a infância.

Lana não tirava os olhos de João Alberto. Por várias vezes tentou se aproximar, mas sempre que pretendia, aparecia alguém para cumprimentá-lo ou permanecer ao seu lado, além de Jackeline e Paula que não desgrudaram do jovem. Isso sem falar da Simone, que não tirava os olhos de Lana e de João Alberto, como uma verdadeira ave de rapina.

João Alberto avistou o delegado Peixoto conversando com Marcelo, seu escrivão, e foi até lá.

— Dr. Peixoto, Marcelo – cumprimento João Alberto.

— Olá, João, respondeu o delegado enquanto Marcelo somente o saudou com um leve aceno.

— Doutor, poderia conversar com o senhor um pouco? – questionou João Alberto.

— Claro, pode dizer.

— Alguma novidade quanto as investigações?

— Só a confirmação do legista quanto ao assassinato que foi executado com arma branca, mas ainda não temos pistas do assassino ou qual seria a motivação.

— Por favor, doutor, também gostaria de ficar inteirado, se o senhor puder, é claro.

— Façamos o seguinte, João, vou lhe passando informações de acordo com as possibilidades, mas também vou lhe pedir um favor, não se envolva para não atrapalhar. Estamos com excelentes profissionais trabalhando neste caso e sua participação poderá nos trazer problemas.

— Entendi, doutor, entendi, obrigado.

João Alberto chamou Jackeline e Paula para levá-las, deixando-as em seus locais de trabalho. No percurso, pouco conversaram, respeitando o momento de luto que abrangia o coração de cada um.

CAPÍTULO 15

Os sentimentos afloraram

Quase dois meses se passaram do enterro de Carlos, a vida prosseguiu normalmente.

Lana estava nas baias cuidando dos cavalos e éguas, inclusive Tufão, apesar deste belo espécime ainda se manter um tanto quanto arredio ao contato da jovem.

Após o enterro de Carlos, Lana percebeu que João Alberto havia se afastado de quase todos. Se mantinha concentrado no trabalho e, quando não estava trabalhando, costumava sair com Tufão pela fazenda ou mesmo caminhar, permanecendo por horas longe.

No final da tarde, após terminar seus afazeres com os animais, Lana resolveu ir até a Cachoeira do Machado, já que o dia ainda estava muito claro e quente, propiciando um belo banho de cachoeira. Assim, montou em uma égua muito mansa e se dirigiu até lá.

Quando estava chegando à Cachoeira do Machado, Lana percebeu que não estaria sozinha, pois viu Tufão calmamente pastando próximo. Apeou da égua e se dirigiu silenciosamente para o local.

Avistou João Alberto sentado à beira do riacho, sem camisa. Observou que ele estava perdido em seus pensamentos. Resolveu se aproximar lentamente para não assustar, sentando-se ao seu lado sem nada dizer.

João Alberto percebeu quando Lana se acomodou ao seu lado, olhou-a, sorriu e nada disse.

Lana permaneceu calada. Passou a olhar para a queda d'água, como se também estivesse querendo fugir de seus pensamentos e assim permaneceram por alguns minutos.

A jovem, cautelosamente, deitou sua cabeça no ombro de João Alberto, o qual demonstrou não se incomodar e deixou que ela assim permanecesse.

Durante este tempo em que permaneceu com a cabeça repousada no ombro de João Alberto, Lana se sentia segura, confortada, quente e feliz e um calor começou a penetrar no corpo daquela bela mulher. Inesperadamente, Lana se levantou sem nada falar e sem olhar para João Alberto, tirou sua roupa, entrando nas águas do riacho sem olhar para trás.

João Alberto somente ficou olhando o lindo corpo de Lana enquanto ela se encaminhava para as águas do riacho, sem entender o que estava acontecendo. Lana, assim que entrou no riacho, mergulhou, e quando retornou à superfície, com os cabelos ruivos molhados, na visão de João Alberto, se assemelhava a uma sereia. Como era linda...

Neste momento, João Alberto se levantou calmamente, tirou suas roupas e também ingressou nas águas do riacho, executando os mesmos movimentos de Lana, mergulhou e quando retornou a superfície, estava em frente aquela lindíssima sereia.

A reação de ambos foi automática. Se beijaram profunda e longamente. Lana se entregou aos braços fortes de João Alberto e passou a acariciá-lo, continuaram a se beijar intensamente.

João Alberto pegou Lana em seus braços e a levou para a margem, colocando-a delicadamente deitada no solo e deitou sobre ela, beijando-a novamente. Os dois se entregaram à vontade que a muito estava contida. Se amaram como se fosse a primeira e última vez.

Quando se deram conta, o sol estava a se pondo no horizonte. Uma brisa fresca tomava conta do local, se abraçaram e beijaram novamente, sem nada dizerem, se levantaram, se vestiram, montaram em seus cavalos e foram em direção ao casarão.

Entraram juntos no casarão e, contrariando a normalidade, não encontraram ninguém no trajeto entre a entrada e os quartos, cada um dirigindo-se para o seu, sem nada falar.

Os dois ficaram se lembrando de tudo que ocorreu. Cada um em seu canto, mas o pensamento era o mesmo, os dois estavam felizes e com um sentimento de paz inigualável.

"O que será que João está sentindo por mim, principalmente depois desta tarde? (questionou-se a jovem em seus pensamentos). Se eu expuser meus sentimentos, será que ele vai corresponder ou ficarei com a imagem de uma menina tola?"

Lana, agora, estava envolta de dúvidas, mas decidiu, se manter quieta (ao menos por enquanto) e aguardar para ver como João Alberto reagiria ao vê-la, o que não iria demorar, pois se aproximava a hora do jantar e eles tinham por costume se reunir na varanda antes para conversar.

João Alberto, por sua vez, também ficou pensando em todo o ocorrido. Não conseguia tirar Lana da cabeça. "O que ela estará pensando de mim? Será que me acha um canalha? Por que fiquei quieto e não expressei meus sentimentos através de palavras? O que será que ela sente por mim? Será que foi só ocasião? Mas nem sei direito quem ela é. Tudo é tão obscuro na vida dela. Até hoje ela não falou mais nada sobre sua vida e, atendendo pedido do meu pai não perguntei mais nada. Será que ela não recuperou integralmente sua memória? E agora, como será? Como devo me comportar na presença dela? Daqui a pouco estaremos juntos para o jantar, o que devo fazer?"

Dr. André estava com Jorge em um dos celeiros. Raul resolveu aproveitar um cômodo grande, onde eram guardadas ferramentas que não eram mais utilizadas ou aguardando reparos a muito tempo, assim, ninguém mais entrava naquele lugar, o que se tornou perfeito para montar a central de monitoramento. O cômodo media quarenta metros quadrados com um banheiro devidamente equipado e conservado, uma janela de madeira onde entrava a ventilação e a luz da tarde. O chão era de cimento rústico, as paredes de madeira, deixando o local fresco e ventilado, não havendo necessidade de potentes equipamentos de refrigeração. A porta foi reforçada e instaladas fechaduras. Raul também mudou sua cama e armário para lá, dizendo que preferia dormir ali, pois tinha dificuldades em acordar.

— Dr. André, aqui o Raul monitora todas as câmeras e sensores instalados. Ninguém entra ou sai da fazenda sem ser notado. Tudo está sendo gravado e enviado para um arquivo na "nuvem", inexistindo possibilidade de que sejam apagadas ou modificadas – falou Jorge.

— Boa tarde, Raul – disse Dr. André – realmente vocês fizeram um excelente trabalho. Sequer notei a instalação dos aparelhos e a montagem desta central.

— Boa tarde, Dr. André, o senhor gostaria de verificar as imagens dos locais onde foram instaladas as câmeras e os sensores?

— Sim, fiquei curioso – respondeu Dr. André.

Raul mostrou todas as imagens, a área de abrangência e localização dos sensores. As câmeras contavam com luz infravermelha, conseguindo identificar qualquer pessoa ou animal que transite pelo local com a mais perfeita nitidez.

— Nossa, estou impressionado, o que é a tecnologia.

— Pensamos em instalar câmeras nos quartos também, mas sabemos que o senhor seria contrário, por isso instalamos somente microfones, assim, qualquer conversa será gravada com extrema nitidez – falou Raul.

— Você tem razão, não gostaria que vocês me filmassem dormindo. Deve ser a coisa mais grotesca da face da terra, e vocês ainda vão ficar com os trovões que são emanados do meu quarto durante o meu sono... (risos) – brincou Dr. André.

Poucos segundos depois, chegou Vicente, estava todo sujo de graxa.

— Eita, Vicente, você está levando a sério mesmo este trabalho de mecânico – brincou Dr. André.

— Olá, Dr. André, o senhor não tem noção de quanto estou me divertindo. Poder fazer duas coisas que gosto muito, segurança e motores, isso, sem falar na comida maravilhosa que a Mercedes prepara, não tem preço... (risos).

— Que bom que você está gostando, Vicente. O Antônio me falou que você entende muito não só de motor, mas também de equipamentos e veículos de grande porte.

— Pretendo deixar tudo funcionando, nem que tenha que estender minha estadia aqui, se o senhor e o Jorge permitirem, é claro (risos).

Após esta conversa, Dr. André retornou para o Casarão.

– Mercedes, por favor, me traga algo para beber, estou morrendo de sede.

Pouco tempo depois, Mercedes aparece na varanda com uma jarra de suco, bem gelado, como o Dr. André gosta.

– Aqui está, Dr. André, o senhor quer que traga algo para petiscar enquanto aguarda a janta? – questionou Mercedes.

— Não, Mercedes, obrigado, vou esperar a janta. João apareceu? Estou preocupado. Desde o enterro do Carlos ele está muito quieto e distante. Fiquei só observando em respeito a amizade deles, mas hoje terei que conversar.

— Também acho, doutor. Até pensei em pedir para a Lana tentar conversar com o João, me parece que ela tem muito jeito com ele.

— Você também reparou isto? Os dois se entendem muito bem, embora não demonstrem nada mais do que amizade e respeito.

— Verdade, acho até que ela seria um bom partido para o João, o senhor não acha?

— Não acho não – falou Simone ao entrar na varanda e escutar parte da conversa – O senhor me perdoe, Dr. André, sei que não é da minha conta, mas vocês não sabem nada desta mulher...

— O que é isso, Márcia, – retrucou asperamente Mercedes – quem te chamou na conversa? Ninguém pediu sua opinião. Que falta de respeito com o Dr. André. Volta já para a cozinha que depois conversamos.

— Calma, Mercedes, a menina não fez por mal. Simone, embora eu concorde em parte com a Mercedes, já que o que você fez é deselegante, mas desta vez tudo bem. Você também não deixa de ter razão, mas isto quem tem que decidir não é você, concorda?

— Me perdoe, Dr. André, não quis ofender ninguém e nem faltar com respeito. Sei que não é problema meu, mas me preocupo com o senhor e com o João e algo naquela mulher me incomoda. Mas se o senhor me der licença, vou voltar para os meus afazeres.

Dr. André acenou positivamente com a cabeça e a jovem se retirou, toda contrariada, pensando – Eles estão enganados se acham que vou deixar que esta qualquer se meta com o João, ela não perde por esperar, vou fazer com que a máscara dela caia na frente de todo mundo, ela vai ver....

— Me desculpe pela Simone Dr. André, ela é assim mesmo, não pensa antes de abrir aquela boca enorme, mas é boa moça. Tenho certeza que ela falou sem pensar e não quis faltar com o respeito. – falou Mercedes.

— Não esquenta, Mercedes, afinal, conhecemos Simone desde que nasceu, sempre foi assim, tem muita coisa parecida com a mãe dela. Não se preocupe, gosto muito dela, como também gostava da mãe.

Após a conversa, Mercedes voltou para a cozinha. Márcia não estava lá.

CAPÍTULO 16

Prosseguem as investigações

— Marcelo, prepare as notificações para a Paula e a Jackeline comparecerem aqui na delegacia, pretendo ouvi-las novamente. – determinou Dr. Peixoto.

— Tudo bem, chefe, o senhor pretende que sejam em dias diferentes?

— Não, marque as duas para o primeiro horário amanhã, depois resolvo o que faço.

— Me dê alguns minutos que já levarei para o senhor assinar. – confirmou o escrivão Marcelo.

— Ok.

Pouco tempo depois, Marcelo, com as notificações assinadas, dirigiu-se, primeiramente, ao salão da Jackeline.

— Boa tarde – Marcelo cumprimentou as mulheres que lá estavam – Jack, você tem um minutinho, por favor?

— Claro, Marcelo – respondeu, pediu licença a cliente que estava na cadeira sendo atendida e se dirigiu ao fundo do salão, com Marcelo, onde havia uma copa muito bem aparelhada e de bonito aspecto.

— Diga, Marcelo, aconteceu alguma coisa?

— Nada muito importante, Jack, somente vim entregar esta notificação. O delegado quer falar contigo amanhã cedo. O bom é que não vai atrapalhar sua agenda no salão.

— Mas eu já falei com ele, já prestei depoimento. Inclusive, você mesmo quem digitou tudo que disse, não foi isso? Por que ele quer falar comigo novamente?

— Não se preocupe, Jack, isto é comum neste tipo de caso. Tenho certeza que não será demorado. Existem alguns procedimentos que temos que seguir para não termos problemas no futuro.

— Fazer o que, né, Marcelo, eu vou. Onde eu assino?

— Obrigado, Jack, mas acho melhor você não comentar nada com ninguém. É chato ter que voltar à delegacia, você sabe como é o povo, podem pensar besteira e fazer fofoca.

— Pode deixar, Marcelo, não pretendia comentar mesmo.

Marcelo saiu do salão da Jack e se dirigiu para o restaurante do Chicão.

— Boa tarde, Chicão, como estão as coisas?

— Tudo ótimo, Marcelo, o que o trás aqui? Quer um lanche?

— Depois, Chicão, agora eu preciso falar com a Paulinha, ela está?

— Está lá nos fundos, vou chamar. Mas aconteceu alguma coisa?

— Tenho uma notificação do delegado para entregar, ela será ouvida novamente.

— Vou chamar então, espere um minuto.

— Oi, Marcelo – cumprimentou Paula – que história é essa de ter que ir à delegacia de novo, vocês não têm o meu depoimento? Contei tudo que aconteceu naquela noite, não tenho mais nada a acrescentar. O que o delegado quer, afinal?

— Calma, Paula – falou Chicão – se o Dr. Peixoto está te chamando é porque é necessário. E ele não perde tempo à toa, você sabe disso e o Marcelo só está cumprindo ordens.

— Verdade, Paulinha, se trata somente de procedimento padrão nestes casos. Tenho certeza que não irá demorar. O único problema é que você terá que estar cedo na delegacia. Menos mal até, quase não haverá movimento nas ruas, então ninguém precisa saber que você voltou a delegacia.

— Que saco, Marcelo! Tudo bem, onde eu assino?

— Obrigado, Paulinha. Chicão, agora eu quero um lanche, prepara aquele de sempre, por favor. – pediu Marcelo.

— É pra já, vai tomar uma cerveja também?

— Hoje não. Vê um refrigerante, ainda estou de serviço e hoje o doutor está atacado (risos).

— Que nada, o Peixoto faz este tipo de bravo mas, na verdade, é uma moça (risos).

— Eu sei, Chicão, eu sei. É que este caso está cada dia mais complicado e ainda tem a equipe que veio da Capital. O delegado não quer falhas nas investigações e nos procedimentos.

— Entendo, Marcelo, tenho certeza que em pouco tempo vocês colocarão quem fez isso ao Carlos na prisão. É só uma questão de tempo. O Peixoto quando coloca uma coisa na cabeça vai até o final.

Na manhã seguinte, Jackeline foi a primeira a chegar na delegacia. Marcelo já estava lá. Recepcionou Jackeline e pediu que ela aguardasse que o delegado já iria falar com ela. Pouco tempo depois chegou Paula.

— Oi, Jack, pelo visto você também foi chamada pelo delegado. O que ele quer nos ouvindo novamente?

— Sei lá, Paulinha, eu já disse tudo que sabia, não tenho nada a acrescentar.

— Eu também.

— Oi, Paulinha – cumprimentou Marcelo – Jack, você já pode entrar, o delegado está aguardando, vamos lá? Paulinha, aguarde um pouco, acredito que não será demorado. Depois eu te chamo.

Dirigiram-se para a sala do Dr. Peixoto.

— Bom dia, delegado, estou aqui. O que o senhor quer saber?

— Bom dia, Jackeline. Fique calma, tenho certeza que o Marcelo explicou que se trata de procedimento padrão nestes casos. Só tenho algumas perguntas para lhe fazer. Não vai demorar – argumentou o delegado.

— Jackeline, você autoriza que eu grave o seu depoimento? – questionou o delegado.

— Sim. – respondeu Jackeline.

— Então vamos começar. Você poderia me contar novamente tudo que ocorreu naquela noite, iniciando desde o fechamento do salão?

— Bom, por volta das oito horas da noite eu fechei o salão e resolvi relaxar um pouco. Como sou muito amiga da Paulinha, resolvi ir até lá bater um papo com ela e tomar uma cerveja. Quando cheguei, o João e a Paulinha já estavam lá. Me sentei com o João, começamos a conversar. A Paulinha falou que iria fechar o restaurante para que ficássemos mais à vontade, já que o movimento estava muito fraco. Quando a Paulinha foi fechar a porta, o Carlos apareceu, sentou-se conosco, tomou algumas cervejas e depois foi embora com o João, foi só isso que aconteceu.

Enquanto Jackeline prestava seu depoimento, Marcelo digitava.

— Entendi – falou o delegado, e continuou – Você não teve qualquer contato com o Carlos, naquele dia, anteriormente a este evento que você me narrou?

— Não, delegado, já fazia um tempo que não via o Carlos.

— Tudo bem, obrigado, Jackeline por sua cooperação.

Jackeline se levantou e saiu sem se despedir do Marcelo e do delegado.

— Marcelo, pode chamar a Srta. Paula, por favor.

Alguns instantes depois, Paula ingressa na sala do delegado.

— Bom dia, Paula.

— Bom dia, doutor.

— Obrigado por atender ao meu chamado. Acredito que o Marcelo já o tenha informado que o seu retorno é para cumprimento de procedimentos legais, tendo em vista que já prestou depoimento anteriormente.

— Sim, doutor, o Marcelo me falou. Mas como eu disse a ele, não tenho mais nada a acrescentar ao meu depoimento. Falei tudo que aconteceu naquela noite. É horrível ter que ficar relembrando.

— Posso imaginar a sua dor, mas, como disse anteriormente, é um procedimento padrão nestes casos. Podemos começar?

— Sim.

— O Marcelo vai digitar tudo que for dito nesta sala. Estou ligando o gravador e lhe pergunto se a senhora autoriza que este depoimento seja gravado?

— Autorizo.

— Paula, na noite do ocorrido com o Carlos, a senhora poderia nos informar a que horas ele chegou em seu estabelecimento?

— Por volta das 22 horas.

— O estabelecimento ainda estava com as portas abertas quando ele chegou?

— Na verdade, doutor, eu estava indo fechar as portas quando ele chegou. O movimento estava fraco.

— Havia alguém com ele?

— Não.

— Havia alguém no estabelecimento quando ele chegou?

— Sim, estávamos eu, a Jackeline e o João.

— Observou alguma coisa estranha no comportamento do Carlos quando ele chegou em seu estabelecimento e durante o período em que lá permaneceu?

— Ele estava agitado, mas com cara de cansado. Comentou que estava trabalhando muito em um caso, mas não nos disse qual era este caso. Só isso.

— Você disse que o Carlos informou que estava cansado... ele apresentava aparência de cansaço?

— Sim, chegamos até a brincar com ele dizendo que ele estava com cara de acabado.

— Entendi. Ele apresentava estar com muito sono ou indícios de embriaguez ou utilização de algum tipo de droga?

— Ele bocejava muito, mas acho que era normal, afinal, ele mesmo falou que estava cansado. Mas não tinha nenhum sinal de que teria consumido bebida ou droga.

— Tem certeza quanto a não ter sinais de consumo de álcool ou droga?

— Doutor, a minha vida inteira trabalho com meu pai no restaurante, sei muito bem quando uma pessoa está alcoolizada ou sob efeito de droga, e ele não estava.

— O que ele consumiu enquanto esteve em seu estabelecimento?

— Uísque, ele pediu para colocar uma garrafa na mesa.

— Comeu alguma coisa?

— Sim, havia uma porção de frios na mesa.

— Alguém mais estava ingerindo esta bebida e comendo os frios?

— Como falei antes, ele estava na mesa comigo, com a Jack e com o João. Todos estávamos tomando cerveja e comendo a porção. A única coisa que ele consumiu sozinho foi o uísque.

— Você quem serviu a bebida a ele?

— Não, o Carlos já era "de casa". Como estávamos entre amigos, ele mesmo se serviu.

— Alguém mais teve acesso ao uísque que ele estava consumindo?

— Não que eu tenha visto. Inclusive, a garrafa ele quem trouxe para o restaurante a um tempo atrás. Pediu para deixar lá e quando ele quisesse, iria até lá consumir.

— Você permaneceu todo o tempo na mesa?

— Saí uma vez para preparar mais uma porção e outra para ir ao banheiro.

— Alguém mais saiu da mesa?

— Acho que todos, quando se está consumindo cerveja é normal que se use o banheiro com mais frequência.

— O Carlos também?

— Acredito que sim, mas não posso afirmar... Ah! Sim, ele também foi ao banheiro.

— Quantas doses ele consumiu?

— Ao todo, umas duas dozes.

— Você disse que o Carlos "era de casa", certo? Ele costumava consumir bebidas alcóolicas?

— Nem sempre, doutor. Quando ele almoçava, tomava refrigerante ou suco, quando jantava também. As vezes pedia uma lata de cerveja. Ele bebia de vez em quando à noite, mas não era muito comum. As vezes ele passava lá e só tomava uma dose de uísque, outras, tomava cerveja, mas ele só ficava na mesa bebendo quando estava com amigos.

— E isso de ele beber com amigos ocorria com frequência?

— Não, embora o Carlos fosse conhecido por quase todos da cidade, ele mesmo falava que não tinha muitos amigos. Normalmente, quando isto acontecia, ele estava acompanhado com o Marcelo ou o João Alberto ou outro colega aqui da região mesmo e muitas vezes, com o meu pai e comigo.

— A que horas, aproximadamente, ele se retirou do estabelecimento?

— Deveria ser por voltas das 02 horas.

— Ele saiu sozinho?

— Não, o João saiu com ele.

— E a Jackeline?

— Ficou um pouco mais e me ajudou a recolher e lavar a louça.

— Quanto tempo isto demorou?

— Mais ou menos uns 15 a 20 minutos, depois ela foi embora.

— E você?

— Fui para o meu quarto. Eu moro atrás do restaurante, com meu pai. Acabou?

— Sim, acabou. Caso necessite eu mando chamá-la novamente. Obrigado.

Despediram-se e Paula voltou ao restaurante.

CAPÍTULO 17

Volta a Londres

O telefone celular tocou e Luiz atendeu rapidamente ao identificar a ligação.

— Alô – falou Luiz.

— Oi, Luiz, tudo bem?

— Olá, Madeleine. Tudo, e com você?

— Tudo bem também, o Sr. McGregor quer dar uma palavrinha com você, só um minuto.

— Olá, Luiz.

— Olá, Sr. McGregor.

— Recebi o seu relatório, meus parabéns. Finalmente resolveu os percalços por aí. Nossos investidores estão contentes e iniciarão o projeto em pouco tempo.

— Obrigado.

— Amanhã você embarca para Londres. Smith e Call permanecerão por aí por mais algum tempo, garantido que as coisas continuem da forma que você deixou. A passagem já está no saguão do hotel. Tenha uma excelente viagem de retorno e, assim que chegar em Londres, haverá um carro no aeroporto lhe aguardando para trazê-lo aqui, tenho outros planos para você.

— Entendi, senhor.

— Até mais, Luiz.

— Até.

Durante sua viagem de regresso a Londres, Luiz ficou relembrando tudo que aconteceu no continente africano. Quanta pobreza, quanta corrupção, quanta violência. Empresas com sede de poder e de lucros se instalavam para explorar a mão de obra semiescrava local, milícias tirando as pessoas de suas casas, vilas completamente destruídas, era a verdade do caos de alguns países.

Smith e Call eram cegamente obedientes a todas as ordens do Sr. McGregor, utilizando-se de todos os meios possíveis e imagináveis para alcançarem seus objetivos, violentos e frios, saboreando cada gota de sangue derramada pelas suas vítimas, cada tijolo derrubado, cada vila completamente destruída.

Quanta barbárie, meu Deus – pensou Luiz – até onde vai a ganância humana.

Luiz já havia cometido muitas injustiças, lesado pessoas e empresas, enganado, falsificado, mentido, subtraindo essências de vidas e de sonhos, mas jamais havia imaginado envolver-se em algo tão podre e desumano.

Ainda em seus pensamentos, prosseguiu, — Será que Madeleine tem conhecimento dos negócios do Sr. McGregor? Que ele se utiliza de tais meios para conseguir seus objetivos? Se souber, onde ela se encaixa neste esquema doentio?

SENHORES PASSAGEIROS, DENTRO DE ALGUNS INSTANTES ESTAREMOS POUSANDO NO AEROPORTO DE HEATHROW, EM LONDRES. SOLICITAMOS A TODOS QUE COLOQUEM OS ASSENTOS EM POSIÇÃO VERTICAL E APERTEM OS CINTOS

Ao chegar em Londres, foi recepcionado por um dos empregados do Sr. McGregor, o qual solicitou que ingressasse no carro e que sua bagagem seria despachada diretamente para sua residência. Assim procedeu Luiz.

Já na belíssima mansão, o Sr. McGregor o aguardava, ao lado de Madeleine. Ao ver esta cena, Luiz teve ânsia de vômito, seu estômago embrulhou imediatamente. Não sabia o que estava acontecendo, mas não conseguia ver aquele quadro. O Sr. McGregor e Madeleine juntos, como pai e filha que se amavam, dantesco.

Como Madeleine poderia se submeter a isso? E este verme que pensa que é ser humano? Nojentos.

Luiz sabia sobre Madeleine somente o que ela lhe contou, ou seja, quase nada,

No entanto, Luiz sabia que deveria se comportar e disfarçar os seus sentimentos. Estava exatamente dentro do covil do lobo, o pior lobo que já conheceu.

— Boa tarde a todos! – saldou Luiz com um sorriso amarelo no rosto.

— Boa tarde, Luiz – responderam Sr. McGregor e Madeleine – Como foi a viagem de retorno? — questionou Sr. McGregor.

— Não foi das melhores, muitas turbulências, mas enfim, estou vivo e aqui.

— Dos males o menor, eu sempre digo. – falou Sr. McGregor com um sorriso sarcástico no rosto e prosseguiu – Sei que você não vê a hora de retornar para sua casa e descansar e, quem sabe, tentar esquecer tudo que aconteceu no continente africano, mas tenho algo a lhe entregar e fiz questão de fazê-lo pessoalmente. Madeleine, por favor, a valise.

A bela jovem se dirigiu a móvel e retornou com uma valise preta, muito parecida com uma mala de caixeiro viajante, muito discreta.

— Pode entregar ao rapaz. – determinou Sr. McGregor.

— O que é isso? – questionou Luiz.

— Este é um presente pelos trabalhos prestados nestes dois meses. Meus investidores ficaram felizes com os resultados e resolveram lhe presentear. Por favor, não se faça de rogado, abra.

Ao abrir, Luiz quase teve um mal súbito: a valise estava recheada de notas de 50, 100 e 500 euros, uma quantia que não saberia precisar, mais certamente, havia mais de 500 mil euros ali.

— Mas o que é tudo isso, aqui tem um valor elevadíssimo. – comentou Luiz, assustado.

Sr. McGregor riu.

— O que é isso? Nunca viu dinheiro? – falou Sr. McGregor e riu prazerosamente. – Acho que esta quantia poderá mudar um pouco sua vida, não acha?

— Certamente, Sr. McGregor, mas não sei se devo aceitar, afinal, a corporação já pagou pelos serviços prestados e estou satisfeito com os valores recebidos. – respondeu, cautelosamente, Luiz.

— E porque não aceitaria? Isso não é da corporação, mais sim dos investidores. Eles querem incentivá-lo, acreditam que você tem muito potencial e poderá conquistar um lugar de destaque na corporação e majorar os lucros dos investimentos. Vou mandar te levarem para sua casa, tome um longo banho, descanse e reflita. De qualquer forma, este dinheiro é seu, não há possibilidade de devolução e de onde veio este, haverá muito mais, só depende de você. – esclareceu o Sr. McGregor.

Madeleine permaneceu calada por todo tempo, somente observava.

Luiz não ousou discutir com o Sr. McGregor, ao menos naquele local. Inteligentemente aceitou a oferta e foi embora, conduzido por um dos empregados do Sr. McGregor.

Ao sair do banho, verificou as mensagens em seu celular, havia um de Madeleine.

Estarei no Kent Hall Hotel as 20 horas, quarto 32

Como de costume, após ler a mensagem, Luiz deletou e, certamente, após o envio, Madeleine fez o mesmo.

Por volta das 20:30 horas, Luiz chegou no local informado na mensagem. Dirigiu-se diretamente ao quarto 32 e entrou sem bater na porta. Encontrou Madeleine deitada de bruços e silenciosamente se aproximou, sentou-se na cama e beijou o pescoço da moça. Madeleine não se mexeu.

De repente, Luiz sentiu uma pancada em sua cabeça. Tudo ficou escuro, apagou.

Quando acordou, estava em sua casa, deitado em sua cama. Passou a mão em sua cabeça, onde levou a pancada. Não havia sangue ou corte. Levantou-se e foi ao banheiro. No caminho passou pelo espelho e viu que sua camisa estava impregnada de vermelho, sangue, é sangue, constatou.

Tirou a roupa rapidamente, havia pingos de sangue em sua calça também. Ficou apavorado, examinou seu corpo e não encontrou nenhum corte, mas suas mãos também estavam impregnadas. Correu ao banheiro e tomou banho novamente.

Que sangue é esse? O que aconteceu? Questionou Luiz a si mesmo, não encontrando respostas. Decidiu que não iria lavar as roupas. Não sabia de quem era aquele sangue. Colocou tudo, inclusive os sapatos, em uma sacola preta. Iria colocar fogo em tudo, mas teria que ser em um local bem afastado.

Vestiu uma roupa rapidamente, afinal, não poderia deixar aquela roupa em sua casa por muito tempo e pegou a sacola. Quando foi pegar as chaves do carro percebeu que as mesmas estavam em cima de um envelope. Estranhou, afinal, quando chegou da casa do Sr. McGregor não portava nenhum envelope.

Nada escrito no envelope, não havia remetente ou destinatário, estava em branco e lacrado. Abriu. Dentro do envelope haviam vários papéis. Luiz os retirou do envelope. Novo susto, quase desmaiou...

Desde que despertou, sequer se lembrou de Madeleine, de ter ido ao Hotel e de ter apagado, mas o conteúdo do envelope o lembrou de tudo isso.

Havia um papel impresso com os seguintes dizeres:

*NÃO SE PREOCUPE, OS ORIGINAIS E A ARMA ESTÃO MUITO BEM GUARDADOS, FAÇA O QUE FOR DETERMINADO E ELES SERÃO DESTRUÍDOS, SE NEGUE E CHEGARÃO À POLÍCIA"

Além do papel impresso, haviam algumas fotos no envelope. Luiz passou a analisar: na primeira aparecia Luiz e Madeleine deitados na cama, ele por cima dela. A segunda foto mostrava Luiz sentado em uma poltrona, com a cabeça baixa, camisa toda manchada de sangue e segurando uma adaga e a terceira, o corpo da jovem todo ensanguentado.

Todas as fotos foram tiradas do mesmo lugar, como se houvesse uma câmera escondida.

Suas pernas estremeceram, ficou tonto, apoiou-se no móvel onde encontrou o envelope e começou a chorar compulsivamente.

— O que está acontecendo? – gritou desesperadamente Luiz – O que querem comigo? O que fizeram com a Madeleine?

CAPÍTULO 18

Problemas na Capital

Lana chegou à varanda onde já se encontrava Dr. André, apreciando um bom vinho e petiscando queijo branco temperado.

— Boa noite, Dr. André, como passou o dia?

— Boa noite, Lana. Graças a Deus tudo na mais perfeita harmonia, e você?

— Da mesma forma, Dr. André, tudo em perfeita harmonia.

— Que ótimo, e como estão meus netos? – questionou Dr. André em tom de brincadeira, se referindo aos animais que nasceram.

— Estão ótimos, belos exemplares, já solicitei ao Jeremias rações especiais para este período para completar a alimentação.

— Muito bem, quero estes exemplares tinindo. Daqui a uns três meses participaremos em uma exposição de reprodutores e gostaria de contar com eles, afinal, precisamos recuperar o investimento.

— Pode ter certeza que isso não será problema, no momento certo eles serão excelentes reprodutores, o senhor vai triplicar o investimento rapidamente.

— Que ótima notícia, Lana.

— E o João, não vem jantar?

— Hoje não, Lana. Pedi a ele que fosse com o Antônio e o Vicente até a Capital. Amanhã cedo ele precisa resolver uns assuntos que apareceram de última hora. Se conseguir resolver tudo amanhã, acredito que no final da tarde estarão de volta.

A jovem não conseguiu disfarçar sua frustração, o que foi notado por Dr. André.

— Posso colocar a mesa? – questionou Mercedes.

— Pode, Mercedes, mas coloque um prato a mais. Receberemos visita para jantar hoje. – solicitou Dr. André.

— Mas, Dr. Alberto, o senhor vai receber visita e nem me avisa.

— Não entendi, Mercedes, qual o problema? – respondeu Dr. André.

— Não preparei nada especial para a janta.

Dr. André soltou uma gargalhada e falou: — Suas refeições são sempre especiais, está com carência de elogios é? (nova gargalhada). Lana acompanhou a gargalhada de Dr. André.

— Verdade, Mercedes, você sabe que não tem ninguém que cozinhe como você, suas refeições são sempre especiais. – elogiou Lana.

— Pronto, Mercedes, se era elogios que você queria já conseguiu... (risos).

Enquanto estavam entretidos com a conversa, Dr. André verificou um táxi chegando. Pouco depois, um homem aparentando 75 anos, com cabelos brancos e um cavanhaque no mesmo tom, magro, trajando calça social azul marinho e uma camisa branca, muito bem passada, sobe até a varanda.

Dr. André se levanta para recepcionar o convidado no fim da escada.

— Seja bem-vindo, Sr. Gregório – saldou Dr. André

— É um prazer conhecê-lo pessoalmente, Dr. André.

— O prazer é todo meu, Sr. Gregório. Esta é Lana, nossa veterinária e amiga. – apresentou Dr. André.

— Boa noite, Lana, muito prazer.

— O prazer é todo meu, respondeu Lana.

— O Jeremias se encarregará de trazer suas bagagens, se o senhor não se incomodar. Deixe eu lhe mostrar a casa e seu quarto. Não é do mesmo padrão que certamente está acostumado, mas posso garantir que ficará muito bem acomodado. Lana, você nos dá licença? – falou Dr. André, conduzindo Sr. Gregório pela casa.

— Fiquem à vontade. – respondeu Lana.

Devidamente acomodado, Sr. Gregório e Dr. André se dirigiram a sala de jantar, que estava totalmente preparada por Mercedes.

Dr. André percebeu que somente haviam sido preparados dois lugares à mesa e que Lana não estava aguardando. Preferiu não perguntar nada, mas Sr. Gregório assim não procedeu.

— E a jovem, não vai nos acompanhar?

— Estes jovens!!!! Provavelmente entendeu que iria tirar nossa liberdade à mesa, mas vamos comer, meu estômago já está roncando.... (risos).

Lana preferiu ir jantar em seu quarto e pediu para Mercedes preparar um prato e levar para ela. Estava triste com a ausência de João Alberto, bem como, Dr. André tinha razão, a jovem acreditou que o mesmo e o Sr. Gregório iriam gostar de um pouco de privacidade para conversarem tranquilamente.

João Alberto, Antônio e Vicente chegaram à Capital, se hospedaram em um hotel simples, próximo a região central, onde João Alberto teria que resolver algumas questões pela manhã. Acomodaram-se e resolveram sair para jantar.

Antônio estava muito cansado, preferiu pedir alguma coisa para comer em seu quarto.

João Alberto e Vicente saíram para jantar em um restaurante a algumas quadras do hotel. Não queriam ir muito longe, afinal, João Alberto teria muito trabalho no dia seguinte e não gostaria de demorar a voltar.

Vicente queria aproveitar a oportunidade para conhecer um pouco mais João Alberto, principalmente quanto às suas rotinas na fazenda, seus amigos e quem sabe, inimigos. Questionou também sobre os trabalhos de Dr. André, amigos influentes, possíveis inimigos, envolvimento com a política local, entre outros assuntos, inclusive sobre Luiz, sempre de forma sutil.

Colheu grande variedade de informações, as quais poderiam ser muito bem utilizadas por Raul, que a tudo ouvia através de um sistema de escuta que foi instalado por Vicente em seu corpo, sem que João Alberto soubesse.

Enquanto jantavam, Vicente percebeu que dois rapazes, bem vestidos, que estavam sentados a algumas mesas de distância, permaneceram observando João Alberto.

Em certo momento, um dos rapazes que observava João Alberto se levantou e se dirigiu para o banheiro. Vicente pediu licença para João Alberto e fez o mesmo.

Ao chegar ao banheiro, Vicente viu o rapaz em pé em frente ao mictório. Trancou a porta e lentamente puxou um revólver que estava em sua cintura e se aproximou do rapaz. De forma rápida e enérgica, encostou o mesmo na parede do mictório, imobilizando-o.

— Fica quietinho que nada vai te acontecer. – falou Vicente no ouvido do rapaz, com a arma encostada em suas costas.

Vicente colocou as mãos nos bolsos do rapaz para extrair sua carteira e documentos. Passou a mão pelo corpo para ver se não estava armado. Determinou que o rapaz deitasse de bruços e colocasse as mãos na nuca, sempre com a arma apontada.

Olhou os documentos. – Levanta devagar – determinou Vicente.

— O que você quer? Quem te mandou aqui? Questionou Vicente.

— Só estou aqui, com meu amigo, para jantar.

Vicente desferiu um soco no estômago do rapaz. – Abre a boca, se não quiser um buraco no meio de sua testa, seu inútil. O que vocês querem? Quem mandou vocês aqui?

— Tá bom. Somente mandaram que ficássemos de olho no seu amigo, só isso.

— Quem mandou? Fala, verme, e desferiu mais um golpe no estômago do rapaz.

— Eu não sei, foi tudo por telefone.

Vicente sabia que não tinha muito tempo. Preferiu desferir um golpe na nuca do rapaz que o desacordou. Vicente colocou o mesmo sentado em um reservado do banheiro, destrancou a porta e ficou aguardando.

Alguns segundos depois, o outro rapaz entra no banheiro. Sendo surpreendido por Vicente, que colocou a arma na cabeça dele. – Não tente nada, estou com problemas para conter o meu dedo. – ameaçou Vicente.

Revistou o rapaz e nada encontrou, pegou o celular e a carteira. – Olha, estou cansado e com péssimo humor hoje, só vou perguntar uma vez, e se você não responder o que quero, vai fazer companhia ao seu amigo no além. Quem mandou vocês aqui? O que vocês querem?

— Não sei quem mandou, o contato foi por telefone. Só mandaram nós ficarmos de olho no seu amigo, só isso.

— Para quem vocês dariam as informações?

— Ficaram de ligar. Não sei quem é.

Vicente desferiu um golpe na nuca do rapaz que desfaleceu. Foi colocado junto com o outro.

Ao retornar, falou para João Alberto que estava um tanto quanto exausto e gostaria de ir embora. João Alberto concordou, pagou a conta e saíram. Vicente tentava acelerar o passo, o que foi percebido por João Alberto.

— Você deve estar louco para dormir mesmo, está com uma pressa. – falou João Alberto.

— Na verdade, chefe, me deu uma dor de barriga daquelas, acho que a comida não me caiu bem. – disfarçou Vicente.

— Mas você demorou um tempão no banheiro, não deu tempo de se esvaziar? – questionou João Alberto sorrindo.

— O pior é que não, o banheiro estava muito sujo. – respondeu Vicente.

Ao chegar ao seu quarto, Vicente encaminhou todos os contatos dos celulares dos rapazes, ligações feitas e recebidas, mensagens, fotos e tudo mais que continha nos aparelhos para Raul. Decidiu deixar os aparelhos ligados na esperança de receber alguma ligação, quem sabe, do mandante, porém os telefones não tocaram e nenhuma mensagem foi recebida.

O telefone de João Alberto tocou. – Alô.

— Alô, João, tudo bem?

— Oi, Lana, tudo, e com você?

— Tudo também. Está tudo bem mesmo?

— Sim. Acabei de voltar para o hotel com o Vicente, fomos jantar. E você já deve ter jantado com meu pai.

— Na verdade sim e não. Acabei de jantar também, mas não foi com o seu pai. Ele recebeu uma visita, Sr. Gregório. Resolvi deixar os dois mais à vontade e vim jantar em meu quarto, afinal, você me abandonou e sequer me deu um beijo.

— Me desculpe, foi tudo muito rápido, meu pai me avisou em cima da hora, tive que sair correndo.

— Entendo. João, estou com um mau pressentimento. Sei que pode ser coisa da minha cabeça, mas vê se você se cuida. Te espero amanhã, então.

— Pode deixar, vou me cuidar. Boa noite, beijo.

— Para você também, beijos.

CAPÍTULO 19

O que está acontecendo, Antônio?

Raul, assim que recebeu as informações de Vicente, entrou em contato com Jorge.

— Oi, Jorge, preciso que você dê um pulo aqui. O Vicente mandou um material que estou analisando, mas acho bom você dar uma olhada nisso.

— Estou indo.

Jorge entrou no centro de monitoramento onde Raul ficava.

— O que você tem aí, Raul?

— É melhor você mesmo olhar...

Jorge se sentou em frente a tela do computador e ficou analisando todas informações enviadas por Vicente e o que Raul conseguiu levantar com elas. Ficou tenso.

— Realmente, o Dr. Peixoto tinha razão. O negócio é pior do que até mesmo ele poderia imaginar. Acabamos encontrando quem tanto procurávamos. Continue efetuando os levantamentos e quando terminar me avise. Estou indo para lá, o Vicente pode precisar.

— Pode deixar, qualquer novidade eu te aviso. Mas o que você vai falar para o João Alberto?

— Nada, ele não vai saber que estou próximo, só avise o Vicente que estou indo.

— Pode deixar.

Jorge pegou seu veículo e se dirigiu a Capital. Ao chegar, estacionou próximo à entrada do hotel, onde estavam João Alberto, Vicente e Antônio e ficou aguardando amanhecer.

Logo que amanheceu, Jorge resolveu verificar o local. Olhou em todas direções e se manteve atento a qualquer movimento. Algumas horas depois, João Alberto e Vicente saíram do hotel, Antônio, alegando indisposição, resolveu permanecer no quarto.

Jorge acompanhou os dois, à distância, por todo percurso, até chegarem ao Banco, onde João Alberto entrou e Vicente ficou aguardando do lado de fora, afinal, estava armado e não poderia se identificar, bem como, lá dentro, João Alberto estaria seguro. Jorge então se aproximou e conversou com Vicente:

— Não entendi, por que o Antônio não está acompanhando vocês? Ele não veio exatamente para isso?

— Realmente está muito estranho. Ontem, quando ocorreu aquilo no restaurante, Antônio não estava. Nos falou que estava muito cansado e que iria pedir seu jantar no quarto do hotel. Hoje ele falou que não se sentia bem e João Alberto falou para ele aguardar no hotel que iríamos de táxi se necessário. Tem algo podre nesta estória, você não acha?

— Com certeza precisamos verificar. Raul, sei que está na escuta, me faça um favor: veja o que consegue saber deste Antônio e depois me passe. Vicente, continue acompanhando João Alberto atentamente. Qualquer coisa me avise. Vou até o hotel. Sinto que terei que conversar com o Antônio.

— Mas se você fizer isso irá estragar o nosso disfarce.

— Não nasci ontem, Vicente (risos), vou dar um jeito.

João Alberto permaneceu no interior do Banco por mais de uma hora. Ao sair, pediu desculpa pela demora a Vicente, o qual informou que não havia problema. Depois do Banco, pegaram um táxi e foram a uma empresa que ficava do outro lado da cidade.

Algum tempo depois, João Alberto e Vicente chegaram a uma indústria de equipamentos agropecuários. O táxi parou em frente a uma porta de garagem com mais de cinco metros de largura por três de altura. Os dois saíram do táxi e João Alberto se identificou através do porteiro eletrônico. O portão se abriu o suficiente para a passagem de João Alberto. Novamente, Vicente preferiu ficar esperando do lado de fora, uma vez que ficou claro que João Alberto iria tratar de negócios relativos à fazenda, não vislumbrando qualquer risco suficiente para justificar que o acompanhasse

Ao chegar ao hotel, Jorge se dirigiu a recepção, onde, através de métodos não muito ortodoxos, convenceu o rapaz da recepção a informá-lo caso alguém procurasse Antônio ou o mesmo saísse de seu quarto.

Não demorou muito, Jorge recebeu uma mensagem em seu celular, informando que um homem havia procurado por Antônio e subido até o seu quarto. Jorge, rapidamente, se dirigiu a recepção e deixou uma "gorjeta" para o rapaz, determinando que o mesmo não informasse de que estava subindo ao quarto. Subiu as escadas e em questão de segundos estava em frente a porta do quarto de Antônio.

Colocou sua toca ninja para não ser reconhecido, abriu a porta através de outra chave fornecida pelo jovem da recepção, entrou com sua nove milímetros em punho e encontrou Antônio e outro homem no interior do quarto, sentados em volta da mesa de refeição do quarto.

Era um homem aparentando 35 anos, trajando calça jeans e camisa azul escura, cabelos pretos e ondulados, o qual, ao ver Jorge, levantou-se rapidamente e tentou puxar uma arma que estava na parte de trás de sua cintura.

Jorge, como já estava com a arma em punho, gritou para o mesmo não tentar nada. O homem levantou as mãos, então Jorge trancou a porta e mandou Antônio ficar onde estava, sem se mexer. Desarmou o homem e mandou que os dois deitassem de bruços no chão e com as mãos na nuca.

Tirou alguns "enforca gato" dos bolsos e prendeu as mãos dos dois atrás das costas. Colocou o joelho no pescoço do homem, após verificar que o mesmo não estava portando mais qualquer arma, retirou a carteira do bolso dele.

— José Teixeira, esse é o seu nome? – perguntou Jorge.

— É o que você está lendo, não é? – respondeu o homem de forma irônica.

Jorge, ao escutar a insolência do homem não se conteve e desferiu um soco em seu rim. O homem gemeu.

— Vou perguntar novamente e você vai responder de forma educada e sem mentir, se não quiser que eu realmente lhe cause dor. Seu nome é José Teixeira?

— Sim. – respondeu o homem.

Jorge tirou uma foto, com seu celular, dos documentos do homem e encaminhou para Raul. Virou-se para Antônio, procedendo da mesma forma, verificando se não portava alguma arma. Restando negativa sua busca, retirou a carteira que estava no bolso de trás de Antônio.

— Antônio Cândido, este é seu nome?

— Sim.

— De onde vocês se conhecem?

— Não o conheço. – respondeu Antônio, muito amedrontado.

— Se você não o conhece, o que ele estava fazendo em seu quarto?

— Não abre a boca seu maldito, senão vou te matar! - Gritou José Teixeira. Levando outro soco no rim, desta vez com mais força, uivou de dor.

Jorge puxou as roupas de cama e com elas vieram os travesseiros. De volta com o joelho no pescoço de José Teixeira, Jorge retirou a fronha do travesseiro e colocou na boca dele. – Agora você só vai falar quando eu perguntar, seu verme imprestável. – falou Jorge.

Mantendo o joelho no pescoço de José Teixeira, Jorge retomou o interrogatório de Antônio.

— Continue, o que ele estava fazendo aqui?

— Se eu falar ele me mata. – respondeu Antônio.

— E se você não abrir a sua boca, quem irá mata-lo sou eu. Desembucha logo, não tenho muito tempo a perder com vocês.

Antônio ficou calado.

Jorge, se levantou e chutou Antônio, com força suficiente para causar dor, sem, contudo, causar maiores danos.

— Antônio Cândido, temos duas formas de fazer: a primeira é você me responder rapidamente o que lhe perguntar e a segunda é eu te machucar até você falar, o que prefere?

— Tudo bem, eu falo o que quiser, mas não me machuque.

José Teixeira rosnou como um cão. Jorge, percebendo que seria mais fácil tirar as informações de Antônio, desferiu um golpe com a coronha da arma na nuca de José Teixeira, o qual desfaleceu.

— Bom, agora acho que poderemos conversar em paz. Me conte tudo, quem é este homem? O que estava fazendo aqui, o que ele queria?

— Assim que chegamos no hotel, recebi uma mensagem em meu celular. O senhor pode até verificar, pois não apaguei. Era a foto de minha filha Simone e um recado mandando eu ir ao banheiro e aguardar contato, senão minha filha iria sofrer. Não pensei em outra coisa e fiz o que mandaram. Poucos segundos depois, recebi uma ligação não identificada que me falou que estavam vigiando minha filha e que se eu não colaborasse ela iria sofrer muitas dores.

Continuou:

— Ele queria que eu não saísse do meu quarto no hotel e aguardasse que receberia uma visita.

Jorge levantou-se, pegou o celular de Antônio que estava em cima da mesa, conferiu as informações e viu que Antônio, aparentemente, falava a verdade.

— O que este verme queria com você?

— Não deu tempo para ele falar muito, mas ele queria saber sobre os filhos do Dr. André.

— Quais informações ele queria?

— Não sei, o senhor entrou antes dele começar a perguntar.

— Acredito em você, Antônio. Fique tranquilo com relação a sua filha, ela estará bem. Agora você vai dormir um pouco. Quando acordar, não se lembrará de nada e não comentará com ninguém, se não quiser uma nova visita minha, entendeu?

— Sim. Mas e ele? – referindo-se a José Teixeira.

— Não se preocupe com ele, nunca mais irá incomodar.

Jorge desferiu um golpe na nuca de Antônio, o qual desmaiou imediatamente.

Para não deixar vestígios, Jorge soltou Antônio e o colocou deitado em sua cama. Fez uma ligação e em pouco tempo outros três homens estavam no quarto.

— Obrigado, pessoal, me façam o favor, desapareçam com este verme, saiam por onde entraram (porta dos fundos do hotel) e deixem que, com relação ao recepcionista, eu mesmo cuido dele. Tentem tirar informações do que ele queria com o Antônio, façam o que for necessário.

Os homens pegaram José Teixeira e saíram com ele desacordado. Jorge foi conversar com o rapaz da recepção.

Discretamente, colocou a arma em cima do balcão com o cano virado para o rapaz. — Meu jovem, você não viu ou ouviu nada. Se você abrir a sua boca, alguém virá visitá-lo e toda sua família, entendeu?

— Sim, senhor.

— Ótimo.

Jorge deixou uma quantia equivalente a R$ 500,00 em cima do balcão e saiu.

— Raul, está na escuta?

— Sim, chefe.

— Acho que não teremos mais qualquer inconveniente, ao menos por enquanto. Avise o Vicente que estou retornando. Dê uma geral por aí, estou levando o chip do celular do Antônio comigo. Tem alguém muito perto, a foto é muito recente e foi tirada dentro da fazenda.

— Pode deixar.

Jorge partiu.

Algumas horas depois, João Alberto e Vicente retornaram ao hotel. João Alberto falou a Vicente que iria passar no quarto de Antônio para ver como ele estava, Vicente acompanhou.

João Alberto bateu na porta e não foi atendido. Insistiu. Antônio abriu a porta com a mão na nuca e cara de dor.

— E aí, Antônio, pelo visto você não melhorou nada.

— Oi, estou melhor sim, acho que dormi demais e de mau jeito, só isso.

— Então arrume suas coisas que estou indo fechar a conta. Nos encontramos lá embaixo, vamos almoçar e ir embora. – falou João Alberto.

— Tudo bem, vou ajeitar minhas coisas e já desço.

João Alberto e Vicente subiram para os quartos para recolherem seus pertences. Quando João Alberto chegou à recepção, Vicente já estava aguardando.

— Apesar de grandalhão você é ligeiro, hein, Vicente?

— Você não tem ideia quanto.... (risos).

Logo chegou Antônio.

Vicente ficou prestando atenção no rapaz da recepção, se o mesmo não iria dar com a língua nos dentes, mas o jovem se manteve calado quanto ao acontecido. Dirigiram-se para o estacionamento. João Alberto questionou Antônio se ele estava em condições de dirigir. Antônio afirmou que sim. Entraram no carro e partiram. No caminho iriam fazer uma parada para almoçar.

Em todo percurso, Antônio permaneceu calado, lembrando tudo o que ocorreu no quarto naquela manhã, preocupado com sua filha. Não podia ligar para ela, pois estava sem celular.

Ao chegarem em um restaurante na estrada, Antônio pediu para João Alberto lhe emprestar o celular, pois havia esquecido o seu no hotel. João Alberto entregou o celular a Antônio que ligou imediatamente para sua filha.

Alguns toques, Simone atendeu:

— Oi, João, que milagre é esse você me ligar?

— Não é o João, filha, sou eu. – respondeu Antônio.

— Ah! Oi, pai, aconteceu alguma coisa? – falou a jovem um tanto quanto frustrada por não ter sido João Alberto quem ligou.

— Não, filha, tudo bem, só liguei para saber se você está bem.

— Estou, pai, mas por que o senhor não ligou do seu celular?

— Esqueci no hotel, depois compro outro. Filha, por favor, não fique passeando pela fazenda e não saia daí até eu chegar.

— Pode deixar, pai, não vou sair, mas o senhor está com uma voz estranha.

— Não se preocupe, só com um pouco de dor de cabeça. Até o final da tarde estaremos de volta. Fique com Deus, te amo.

— Também te amo, pai.

CAPÍTULO 20

Antônio e Simone saem em férias

Ao retornar à fazenda, Jorge se dirigiu diretamente ao centro de monitoramento.

— Boa tarde, Raul, o que conseguiu?

— Boa tarde, Jorge. Dê uma olhada neste material.

Jorge passou a examinar atentamente o material separado por Raul, o que lhe trouxe a certeza que alguém passou as informações sobre a viagem de João Alberto. Teria, novamente, que apertar Antônio, mas como faria isso na fazenda sem revelar o disfarce de todos? Teria que dar um jeito e pensaria em algo.

— Jorge, a foto da Simone foi tirada na mesma noite em que foi enviada para o Antônio. Não consegui rastrear a origem da mensagem, deve ser de um aparelho e chip descartáveis. O mais intrigante é que não localizei qualquer anormalidade nos sensores.

— Entendo, Raul, esta foto foi tirada por alguém daqui da fazenda, podemos até imaginar quem foi.

— Pode ser.

— Tivemos alguma movimentação diferente ontem à noite?

— Sim. O Dr. André recebeu a visita de um tal de Sr. Gregório, que está hospedado no casarão. Enviei a foto dele para os bancos de dados nacionais e internacionais, mas ainda não recebi nenhuma resposta.

— Certo. Voltarei ao casarão e tentarei descobrir mais sobre este Gregório. Assim que conseguir contato com ele, quero que você esteja monitorando a conversa.

— Está tudo ok. Aproveitando, Jorge, vou precisar de ajuda aqui. Tem muito material de escuta para analisar e não estou dando conta, o que você acha?

— Pode ser, vou ver se arrumo alguém ainda hoje.

— Posso saber em quem você está pensando, chefe?

— Aguarde um pouco que você já saberá.

Jorge fez uma ligação de seu celular.

— Olá, como você está? – perguntou Jorge.

— Ótimo, estou precisando de você, tudo bem?

— Certo, depois eu te passo os detalhes. Fique pronta que estarei enviando alguém para buscá-la.

— Combinado e obrigado.

Jorge desligou o telefone.

— E aí, chefe? Quem é?

Jorge olhou nos olhos de Raul e sorriu.

— A Sueli.

Raul empalideceu. – Como assim a Sueli?

— Não tem "como assim", Raul, é a Sueli. Você conhece alguém melhor?

— Na verdade não, mas você sabe que isso pode não dar certo, né?

— Só se você quiser que não dê certo. Conheço o profissionalismo de vocês dois e, outra coisa, ela será sua esposa aqui na fazenda, entendeu?

— Aí complica mais ainda, chefe.

— O que foi, está com medo de assumir compromisso publicamente? (Jorge gargalhou).

Raul ficou rubro e nada falou.

Jorge, como havia programado, retornou ao casarão. Algumas horas depois, João Alberto, Antônio e Vicente chegaram.

João Alberto foi direto para o casarão, na esperança de encontrar Lana. Como não teve sorte, foi ao escritório de seu pai, onde o encontrou em conversa com o Sr. Gregório.

— Boa tarde a todos. – saldou João Alberto.

— Boa tarde, respondeu seu pai – João, deixe lhe apresentar... este é o Sr. Gregório, está hospedado em casa e está interessado em adquirir terras nesta região para iniciar um grande empreendimento.

— Muito prazer, Sr. Gregório, seja bem-vindo.

— O prazer é todo meu. – disse Sr. Gregório.

— O João é meu filho, meus braços direito e esquerdo. Está à frente de tudo que se passa na fazenda. – esclareceu Dr. André.

— Que tipo de empreendimento está pensando, Sr. Gregório? – questionou João Alberto.

— Indústria.

— Que ótimo, isso poderá gerar muitos empregos na região. De qual ramo? – continuou questionando João Alberto.

— Alimentícia, meu jovem. A princípio, estamos pensando em embutidos e posteriormente ampliar.

— Entendi, e quanto de terra o senhor está pensando?

— Uns cem alqueires, mas com possibilidade de ampliação.

— Então o senhor pretende trabalhar com criação de corte também?

— Sim, e mais para frente iremos cultivar grãos.

— Desejo sorte em seu empreendimento, Sr. Gregório. Se precisar de algo pode contar comigo. – falou João. – Papai, deu tudo certo, depois eu lhe deixo inteirado. Agora estou cansado da viagem. Vou tomar um banho e descansar um pouco antes do jantar. Qualquer coisa estarei em meu quarto. Até mais tarde, Sr. Gregório.

João Alberto deixou o escritório, só que, ao invés de ir para o seu quarto, como havia informado, resolveu mudar um pouco seu percurso.

TOC, TOC, TOC.

— Pode entrar, a porta está aberta.

— Com licença. – pediu João Alberto.

— João!!! – exclamou a jovem indo de encontro a João Alberto, e sem qualquer pudor o beijou intensamente, o que foi correspondido. – Estava muito aflita, mas fico feliz em ver que você está bem.

— Estou melhor agora, Lana, não esperava uma recepção tão calorosa. Espero que você tenha mais vezes esta aflição (risos).

— Deixa de ser bobo. Como foram as coisas na capital? – questionou Lana.

— Tudo em ordem, apesar de não gostar daquela loucura que é na capital, mas conseguimos resolver tudo rapidamente. Só o Antônio que teve um mal-estar, mas parece que já se recuperou. Vai ver que foi alguma coisa que ele comeu na estrada quando da ida.

Lana, olhando fixamente nos olhos de João Alberto e foi se aproximando. – Você já tomou banho?

— Não, por que? Estou fedido?

Lana riu – De maneira alguma, mas eu também não, o que você acha de compartilharmos o chuveiro?

João sorriu maliciosamente. Não disseram mais nada. Foi um banho bem longo.

Quando terminaram, João Alberto se deu conta de que teria que ir para o seu quarto se trocar. Pediu para Lana observar o corredor, se tinha alguém. Se enrolou na toalha e ficou aguardando o aceno de Lana.

— Pode ir, João, não tem ninguém.

João Alberto, enrolado em uma toalha, saiu apressado para o seu quarto e Lana riu. No entanto, nenhum dos dois notou que Simone estava no quarto em que estava hospedado o Sr. Gregório, trocando as roupas de cama e de banho. A porta estava semiaberta, o que possibilitou Simone ver João Alberto atravessando o corredor de toalha.

Simone já havia terminado seu serviço, saiu do quarto batendo a porta, pisando duro se dirigiu para a lavanderia com as roupas de cama e banho trocadas. No caminho, passou por Mercedes.

— Nossa, menina, o que houve, pisou em um escorpião, é?

Simone sequer olhou para Mercedes, continuou seu caminho.

— Eita, essa menina não tem jeito, sempre virada na cascavel. – falou baixinho Mercedes.

Dr. André e Sr. Gregório estavam à mesa de jantar, quando apareceu João Alberto. Logo em seguida veio Lana.

— Que bom, pensei que vocês não nos dariam o prazer da companhia no jantar. – falou sorridente o Sr. Gregório.

— Me desculpem o atraso, acabei relaxando mais do que imaginava – falou João Alberto, com um sorriso malicioso no rosto, o que foi percebido por Lana.

— Eu também acabei relaxando mais do que poderia esperar. – falou Lana, sorrindo.

Os dois tomaram seus lugares à mesa.

Lana, por instantes, ficou olhando fixamente para o Sr. Gregório, enquanto este contava um pouco sobre suas atividades.

—Sr. Gregório, me perdoe a distração, mas de onde mesmo o senhor falou que é? – questionou Lana.

—Na verdade, sou de Alagoas, mas vivo a muitos anos em Londres, onde tenho meus negócios.

— Que coincidência – expressou João Alberto – meu irmão, Luiz, também mora em Londres a alguns anos.

—Verdade? Seu pai não comentou nada. O que ele faz lá? – questionou Sr. Gregório.

Dr. André respondeu:—Ele foi fazer cursos de mestrado e doutorado em direito, mas já terminou os dois, montou um escritório de advocacia e representações, mas não vejo a hora dele voltar.

—Brilhante, Dr. André, depois o senhor me passa o contato dele. Pode ser que venha a precisar de um apoio jurídico em meus negócios e prefiro contar com pessoas de confiança. Conhecendo o senhor e o João Alberto, posso ver que Luiz não deve ser diferente.

Dr. André sorriu, mas nada disse.

Jorge ficou por quase todo o tempo na sala de jantar, com a desculpa de estar ali para servir a todos. No entanto, sua intenção era a de ouvir a conversa e ficar atento ao Sr. Gregório, o que não passou desapercebido pelo Dr. André.

Quando terminaram o jantar, se dirigiram ao escritório de Dr. André para apreciarem um vinho do porto e prosseguirem com a conversa, porém, sem a companhia de João Alberto e Lana, os quais preferiram ir até a cidade.

Jorge, por sua vez, se dirigiu para a central de monitoramento.

— Boa noite, Raul, alguma novidade?

— Oi, Jorge. Conversei com a Sueli, estará aqui amanhã.

— Ótimo, vou solicitar que troquem a cama de solteiro por uma de casal. Teremos que levar nosso disfarce a sério, não é mesmo? (sorriu)

— Eu sei, Jorge, eu sei. Pode deixar que somos profissionais, daremos um jeito discreto na situação.

— Alguma coisa mais? – questionou Jorge.

— Enquanto você bancava a ama seca no jantar, eu aproveitei para ouvir a conversa do Dr. André e do Sr. Gregório que tiveram no escritório. Este Gregório é muito esperto ou incrivelmente correto. Não deixou escapar nada sobre ele, sobre a suposta empresa ou este projeto que pudesse me auxiliar em ampliar as buscas.

— E quanto aos bancos de dados, nada?

— Ainda não. Opa, um dos sensores está apitando... Tem um homem no setor noroeste, não consigo ver direito, mas parece o Antônio...

— Vicente, na escuta?

— Sim. Me encontre no setor noroeste, parece que vamos pescar, leve seu material – falou Jorge. – Raul, mantenha os olhos nele e nos oriente.

Jorge pegou uma pequena mochila que estava dependurada no canto do cômodo, colocou nas costas e saiu com pressa.

Pouco tempo depois, encontrou Vicente. – Raul, passe as coordenadas – determinou Jorge.

— Cinquenta metros, nove horas – respondeu Raul. – O peixe tem companhia.

Jorge e Vicente colocaram a toca ninja, verificaram as armas e se dirigiram ao local, silenciosamente, avistaram Antônio e outro homem. Jorge fez sinal para Vicente ir pela direita.

Como dois leopardos, Jorge e Vicente saltaram sobre Antônio e o outro homem e sem muito esforço, imobilizaram os dois.

Vicente nocauteou Antônio com um só soco no queixo, Jorge preferiu o velho golpe na nuca do outro homem. Em pouco tempo Raul chegou com a caminhonete e os dois foram colocados na caçamba, devidamente amordaçados e amarrados. Vicente foi atrás com eles para garantir que, caso acordassem, não tentassem pular do veículo.

Foram levados para fora da fazenda, em uma saída da estrada que desembocava em uma mata fechada e se dirigiram para uma clareira. Raul voltou com a caminhonete à Fazenda. Precisava ficar na escuta e manter o monitoramento, pois poderiam aparecer outras pessoas.

Antônio acordou e quando abriu os olhos, o medo tomou conta de todo seu corpo, gritou. Vicente, com a toca ninja, estava olhando fixamente para ele. Antônio sentia o hálito quente de Vicente no seu nariz.

— Que bom que você acordou, agora está na hora de morrer. — falou Vicente, ameaçadoramente, a Antônio. – Quem é você e quem é este outro lixo? O que vocês estavam conversando? — perguntou Vicente.

— Eu sou Antônio, funcionário da fazenda São Jerônimo e ele eu não sei quem é.

— Falei que você acordou para morrer? – Vicente engatilhou a arma e colocou na cabeça de Antônio. – Vou perguntar mais uma vez, se a resposta estiver errada, você não voltará para a fazenda, será enterrado aqui mesmo. Quem é este lixo? O que vocês estavam conversando?

— Eu já falei, não sei quem ele é. Ligaram no celular da minha filha e pediram para falar comigo, eu atendi e a pessoa falou para eu ir encontrá-la naquele lugar ou minha filha sofreria as consequências.

— O que ele queria? – perguntou Vicente.

Antônio, totalmente amedrontado, demorou a responder.

— O que ele queria, seu verme? – gritou Vicente.

— Que eu levasse João Alberto, o filho do Dr. André, dono da fazenda, para um lugar, onde estariam esperando.

— O que eles querem com o tal de João Alberto e para qual lugar você deveria levá-lo? Responda rápido, estou perdendo a paciência com você.

— Não me falaram, mas me parece que tem algo com alguém que está na fazenda. Escutei quando este cara aí (apontando para o homem estirado no chão) falou ao telefone. Mas, a minha filha, ela corre risco, preciso protegê-la.

Jorge acenou para Vicente ficar com o homem que estava caído no chão, desacordado, e se aproximou de Antônio.

— Antônio, olha pra mim – determinou Jorge tirando a máscara.

— Jorge!!! – Antônio falou assustado.

— Sim. Fique tranquilo, nos desculpe pelo mau jeito, mas fizemos o que tinha que ser feito. Preste atenção, quando nós voltarmos para a fazenda, você vai chamar a Simone, vão arrumar suas coisas e irão sair da fazenda. Não se preocupe com nada, vocês ficarão seguros e confortáveis. Ficarão afastados até tudo estar resolvido e não poderão entrar em contato com nenhum conhecido neste período e nem comentar nada com ninguém. A vida de vocês corre sério perigo, entendeu?

— Entendi, mas o que vou falar para a Simone, ela não vai querer sair daqui, e o Dr. André?

— Você terá que confiar em mim. Terei que dar um susto nela, pode ficar tranquilo que não a machucarei. Fique aí e não faça nada até eu mandar. Quanto ao Dr. André, deixe por minha conta, conversarei com ele. Raul, pode vir buscar o Antônio. Vicente, suba com ele até próximo a estrada, vou acordar este verme e ter uma conversa com ele, depois aviso para virem me buscar.

Vicente tirou a toca ninja e desamarrou Antônio. — Vamos subir, desculpe pelo soco, não fiz por mal, não sabíamos até onde você estava envolvido.

— Você tem uma patada. – constatou Antônio.

Os dois sumiram pelo caminho.

Jorge pegou um frasco de sua mochila, abriu e aproximou do nariz do homem deitado. Ele acordou. Começou a se debater.

— Não adianta se debater, seu verme, onde você será colocado não terá espaço nem para isso. É melhor você se acalmar se não quiser acelerar a sua morte. – alertou Jorge – Vou tirar sua mordaça, mas já vou te avisando, não adianta gritar, ninguém irá te escutar.

Jorge tirou a mordaça do homem. Com os documentos dele nas mãos, começou a indagar:

— Seu nome não é José Teixeira, certo?

— É o que está no documento. – respondeu o homem.

Jorge levantou o homem, calmamente, e desferiu um soco em sua boca, fazendo com que caísse novamente.

— Você não está levando a sério, não é? Um outro homem, com um documento idêntico ao seu, morreu ontem. Sabe como eu sei? Eu mesmo o matei, e sabe por que? Porque ele não respondeu minhas perguntas. Então vamos fazer o seguinte, como todos têm direito a uma segunda chance, vou concedê-la ao José Teixeira, que neste caso, parece que é você. Vou lhe fazer algumas perguntas, mas se não responder ou eu não gostar da resposta, terá o mesmo fim que o seu homônimo. Com ele tive que ser rápido, mas com você, terei todo o tempo para te fazer sofrer muito, o que acha?

— O que você quer saber?

— Muito bem, assim que eu gosto, colaborando. Mas lembre-se, se eu não gostar das respostas o seu sofrimento vai começar, entendeu?

— Sim.

— Quem mandou você aqui?

— Não sei o nome, o meu contato é por telefone, recebi uma mensagem com o que teria que fazer, o dinheiro foi depositado em minha conta.

— O que foi que mandaram você fazer?

— Avisar a um tal de Antônio que ele teria que levar um cara para uma fazenda que está à venda a alguns quilômetros daqui.

— O que eles querem com ele?

— Não sei ao certo, mas parece que vão usá-lo em alguma negociação.

— Quando era para isso acontecer?

— Amanhã às 10 horas da noite.

— Como farão contato com você para saber se conseguiu cumprir o determinado?

— Não farão, eles só fazem contato quando precisam do meu serviço e nunca depois.

— Então eles não irão saber se você conseguiu convencer o Antônio?

— Eles nem sabem quem é o Antônio. Só tem fotos da filha dele. Ficarão sabendo somente na hora. S se o rapaz não aparecer é porque eu falhei e isso me custará a vida.

— Tá bom, bons sonhos... – Jorge desferiu novo golpe na nuca do homem, que desfaleceu. – Raul, pede para o pessoal da limpeza te encontrar em algum lugar e vem buscar este lixo aqui, vou deixar o celular dele no bolso.

Vicente retornou a fazenda com Raul e Antônio, porém desceu da caminhonete um pouco antes da entrada. Colocou novamente a touca ninja e foi para a casa de Antônio onde Simone estava sozinha. Antônio ficou com Raul no centro de monitoramento.

Chegando à casa de Antônio, Vicente percebeu que a luz do banheiro estava acesa e o chuveiro ligado. Mexeu na maçaneta da porta e estava destrancada. Vicente entrou silenciosamente, dirigiu-se para o quarto de Simone e ficou aguardando atrás da porta.

Simone saiu do banho, enrolada em uma toalha, foi para o seu quarto, entrou, acendeu a luz e fechou a porta, sem notar a presença de Vicente, e com muito cuidado, abraçou a moça por trás, tampando-lhe a boca para que não gritasse. Ela tentou se defender, mas Vicente era muito forte e sabia como poucos imobilizar uma pessoa.

Com a reação de Márcia, Vicente falou baixinho em seu ouvido:

— Acalme-se, não vim aqui para lhe fazer mal, ao menos por enquanto. Se acalme e poderei te falar o que quero, mas se você continuar, serei obrigado a te dar um corretivo. Acalme-se.

A jovem resolveu colaborar, foi se acalmando. Vicente foi tirando a mão da boca dela aos poucos, mas a manteve bem segura, ao ponto de sentir o calor do seu corpo, a maciez de sua pele, o cheiro de seus cabelos.

— Pode me soltar. Quem é você? O que você quer comigo?

— Ainda não vou soltá-la. Quem eu sou não interessa, o que quero de você é que faça um trabalhinho para mim.

— Que trabalhinho?

— Mate uma pessoa.

— Você está louco, não mato nem baratas, quanto menos uma pessoa.

— Então começarei matando seu pai.

— Mas se você é assassino, por que você mesmo não mata esta pessoa?

— Porque eu preciso que você faça este serviço. Chega, está perguntando demais, não precisa responder agora, eu voltarei para saber a resposta. Em qualquer hora e qualquer lugar eu te encontro, e se você se negar ou falar com alguém sobre o que conversamos, diga adeus à vida de seu pai, entendeu?

— Quem seria esta pessoa?

— Alguém que você conhece. Mas tem outro porém, terá que ser da maneira que eu lhe disser, não pode ser de qualquer jeito. Eu voltarei quando você menos esperar. Vicente tirou do bolso um tecido embebido em uma substância, apertou sobre as narinas de Márcia, que, em pouco tempo, desmaiou.

Vicente colocou a jovem na cama com toda delicadeza, ficou olhando para ela, — como é linda – pensou em voz alta. Foi embora, retornou para o centro de monitoramento, onde encontrou Raul e Jorge.

— Serviço feito. – falou Vicente.

— Espero que não tenha feito nada com minha filha. – esbravejou Antônio.

— Fique calmo, Antônio, o Vicente somente deu um susto nela. Agora é a sua vez, vá para casa e aja como se nada tivesse acontecido. Daqui uns 10 minutos ela irá acordar e sairá do quarto feito uma onça assustada. Acalme-a e ouça o que ela vai lhe contar. Demonstre preocupação e diga que vai resolver esta situação. Exija que prometa que não vai contar isso a mais ninguém e que não saia de casa até você voltar. Vá para o escritório do Dr. André que estaremos lá te aguardando. – falou Jorge.

— Entendi. Farei isso.

Tudo aconteceu exatamente como previsto. Antônio cumpriu sua parte e encontrou Jorge, Vicente e Dr. André no escritório do Casarão.

— Dr. André, boa noite. – falou Antônio.

— Boa noite, Antônio, sente-se. O Jorge já me contou, não sei se tudo, mas o suficiente. Concordo com eles, a melhor opção é você tirar umas férias, afinal, acho que isso nunca aconteceu com você. Sempre pediu para receber as férias em dinheiro e permanecer na fazenda trabalhando. Faça o que o Jorge falar e não se preocupe, eles são do bem e cuidarão da segurança de vocês. Depois que tudo estiver resolvido vocês voltarão para cá.

— Mas, Dr. André, tenho algumas economias, mas não sei se dará para pagar tudo isso. – falou Antônio, preocupado.

— Não se preocupe com isso, o importante é que você e a Simone fiquem em segurança, o restante é por minha conta.

— Outra coisa, não utilize cartão de crédito ou faça qualquer movimentação bancária, pague tudo em dinheiro, não ligue para ninguém neste período. O Vicente irá acompanhá-los durante um período. Até que esteja certo que vocês ficarão em segurança, qualquer coisa que precisar, falem com ele. – falou Jorge.

— Antônio, tenho você e Simone como parte da minha família. Siga as orientações do Jorge. Não sei o que estamos enfrentando, mas neste momento, o que mais me preocupa, é a segurança de todos vocês. Vou repetir, não se preocupe com as despesas e com o tempo em que estiverem fora, só me prometa que irá se cuidar, ficar de olho em Simone e seguir as orientações do Jorge ou do Vicente.

— Obrigado, Dr. André, não sei como agradecer a todos vocês. Pode deixar que farei isso sim, confio no Jorge e no Vicente, eles já demonstraram serem homens de bem. Posso só pedir mais uma coisa? – indagou Antônio.

— Claro, Antônio, o que quer?

— Me dê um abraço, Dr. André – pediu Antônio, abrindo os braços.

Dr. André se levantou, abraçou Antônio como se abraça um irmão que está de partida. Nada falaram e Antônio saiu.

— Dr. André – falou Jorge – Vou falar para o Raul preparar todas as reservas, passagens e locação do veículo. O senhor não deve aparecer, pois, certamente, estão vigiando sua movimentação bancária e a do João Alberto. Se o senhor fizer as reservas, saberão para onde estão indo e que estarão acompanhados, deixe que fazemos isto.

— Compreendo, Jorge, tudo bem, você tem toda razão, agora não é hora de descuidos.

Simone estava agoniada em sua casa quando Antônio voltou.

— Nossa, pai, que demora, estou tremendo que nem vara verde. O que o senhor foi fazer lá no casarão?

— Fui falar com o Dr. André. Nós vamos sair em férias, vá arrumar suas coisas e não leve muita bagagem.

— Como assim, pai, a esta hora? Para onde vamos? Com que dinheiro?

— Não se preocupe, está tudo acertado. O Vicente vai nos acompanhar. Quanto a dinheiro, não se preocupe, o Dr. André me pagou algumas férias atrasadas, teremos dinheiro o suficiente para permanecer o tempo necessário.

— Mas pai, e o meu serviço? As minhas coisas? Não posso sair daqui assim....

— Márcia, acorde, não quero ficar aqui mais nenhum minuto, nossas vidas correm perigo, você não está entendendo? Leve somente algumas mudas de roupas, compraremos mais quando chegarmos ao nosso destino. Não leve cartão do banco e nem cartão de crédito, deixe tudo aqui.

— Mas para onde iremos? E como faremos sem os cartões?

— Toda sua movimentação bancária poderá ser rastreada. Eu também não vou levar (tirou os cartões da carteira e colocou na gaveta). Não sabemos quem são eles. Estou levando dinheiro suficiente para todas nossas despesas, não se preocupe. Arrume suas coisas, daqui a pouco estarão buzinando aqui na frente.

Simone resolveu não discutir mais, porém ficou pensando, como poderia ir sem se despedir de João Alberto? Lana ficaria livre para se jogar em cima dele. – Que raiva – pensou em voz alta.

Pouco tempo depois, Jorge e Vicente pegaram Antônio e Simone e saíram.

CAPÍTULO 21

O misterioso Sr. Gregório

Logo pela manhã, Sueli chegou à fazenda, sendo recebida por Raul.

— Bom dia, amor, fez boa viagem (muito a contragosto de Sueli, deram um "selinho")?

— Sim, cansativa, mas não posso reclamar.

— Venha, vou mostrar o nosso quarto.

Raul ajudou Sueli com as bagagens, que não eram poucas, uma vez que em sua grande maioria, tratavam-se de equipamentos de trabalho, armas etc.

— Você veio carregada, hein, amor? – brincou Raul.

— Sim, nunca sei qual tipo de roupa posso precisar. – respondeu Sueli, sorrindo.

Chegando ao centro de monitoramento, Sueli ficou admirada com todo o arsenal de equipamentos.

— Parabéns, nunca poderia imaginar que encontraria tudo isso aqui. Vocês trabalharam bem e rápido, mas, trouxe mais alguns equipamentos que você pode acoplar. Lhe trará mais poder de vigilância.

Pegou duas malas que estavam repletas de equipamentos e aparelhos de vigilância.

— Maravilha, com isso estaremos monitorando via satélite. Adorei. – expressou Raul.

— Mudando um pouco de assunto, esta conversa de marido e mulher é somente um disfarce, não fique empolgado não. – falou Sueli.

— Fique tranquila, isso foi ideia do Jorge, sei me colocar no meu lugar. – respondeu Raul

Sueli e Raul já tiveram um breve romance anos atrás, mas, por problemas de ordem profissional, acabaram por seguir caminhos diferentes, perdendo totalmente o contato.

— Sueli, preciso que você me auxilie no monitoramento, mas, principalmente, na oitiva das gravações, separando material para investigação e provas.

— Pode deixar, Raul, me dê um espaço que já quero começar.

— Ótimo, faça isso. Na hora do almoço eu apresento você a todos, inclusive subiremos para falar com Dr. André. Só mais uma pergunta, o Jorge já lhe passou as pastas de todo mundo, certo?

— Sim, inclusive, já me deixou a par do que ocorreu ontem. Estou empolgada, jamais tive um trabalho tão grande em minha carreira.

— Ninguém tinha noção da gravidade, fomos descobrindo aos poucos.

— E a polícia local, já sabe de nós?

— Somente o delegado. A pasta dele está aí. Fora ele, somente o Dr. André sabe quem somos e o que estamos fazendo aqui. Nem a inteligência tem conhecimento desta operação.

— Entendo. – finalizou Sueli, virando-se para o monitor e colocando os fones de ouvidos.

— Embora ainda seja muito cedo para os padrões urbanos, estou faminta. Vou tomar um banho e trocar de roupa, afinal, devo parecer uma senhora casada (risos) – falou Sueli.

— Modéstia à parte, muito bem casada... (risos) – respondeu Raul – Vá lá, vou arrumar umas coisas aqui para que se sinta mais à vontade.

Enquanto Sueli estava no banho, Raul instalou biombos, onde Sueli poderia se trocar tranquilamente. Quando Sueli saiu do banho enrolada em uma toalha, ficou surpresa com os biombos e os detalhes de mimo que Raul havia instalado.

— Quem diria que você seria tão prendado, hein, Raul? Obrigada pela preocupação, não havia necessidade, afinal, você mesmo disse que sabia se colocar em seu lugar, certo? (risos)

— Verdade, mas sabe como é, a carne é fraca... (risos).

— Não se preocupe, minha amiga aqui, saberá te colocar no eixo (Sueli puxou por debaixo da toalha uma pistola nove milímetros). – falou a jovem sorrindo.

— De onde você tirou isso? – questionou Raul.

— Quem sabe um dia, se você for um bom garoto, eu te mostro. – respondeu Sueli sorrindo e se colocou atrás do biombo para se trocar.

Sueli saiu de trás do biombo, estava trajando um vestido florido, pouco acima dos joelhos, um decote discreto e sem mangas, os cabelos pretos brilhantes e lisos cobriam suas costas. Estava muito simples, mas também muito linda.

Raul não conseguiu deixar de reparar como Sueli havia mudado. Há alguns anos a jovem passou a trabalhar também em campo, o que a forçou a se exercitar para ganhar massa e resistência. Passou a praticar kung fu e jiu-jitsu, o que lhe concedeu umas pernas bem torneadas e um corpo de causar admiração.

Ao saírem do centro de monitoramento, Raul estendeu a mão para Sueli, que entendeu e segurou. Chegaram ao refeitório, onde estavam quase todos reunidos. Raul entrou de mãos dadas, chegando no centro do refeitório, pediu atenção de todos e apresentou Sueli como sendo sua esposa e que também iria trabalhar na fazenda, auxiliando-o na contabilidade e demais atividades.

Raul prosseguiu com o discurso. Vencendo sua timidez natural, informou a todos que por um tempo indeterminado, estaria assumindo as funções de Antônio, pois o mesmo, por problemas de família, havia viajado com Simone urgentemente. Pedindo desculpas em nome do Dr. André que gostaria de estar passando esta informação pessoalmente, mas diante de afazeres emergenciais, transferiu esta responsabilidade a ele.

Sueli foi saudada por todos, se sentiu muito bem recebida. Mercedes, que também estava no refeitório, veio saudá-la.

— Olá, que linda jovem, Raul. Seja bem-vinda, eu sou Mercedes. Espero que goste daqui. Somos como uma família, cuidamos uns dos outros, inclusive o Raul que vai fora de hora beliscar uns docinhos na cozinha, né, Raul?

Raul sorriu e respondeu:

— Verdade, Mercedes, mas não é para espalhar, né... (risos).

— Obrigada, Dona Mercedes. – falou Sueli, sendo interrompida por Mercedes.

— Dona??? Não!!! Pelo amor de Deus, somente Mercedes.

— Está bem, Mercedes, obrigada pelo elogio. O Raul me falou muito de você, a mão de anjo que tem, e agora estou podendo confirmar o que ele me falou. Realmente você não é deste mundo. Ah! Obrigada por cuidar do meu marido, ele sempre foi meio formigão mesmo, aproveita do fato de não ter facilidade para engordar e de eu não estar vigiando... (risos).

— Você chegou hoje, né?

— Sim, logo pela manhã, bem cedo.

— Eu vi que o Jorge já substituiu a cama. Depois eu levo as roupas de cama e banho para vocês, fique à vontade e se precisar de qualquer coisa, me avise. Estou quase sempre na cozinha ou perambulando por aqui. – falou Mercedes.

— Novamente muito obrigada, Mercedes. – agradeceu Sueli.

— Que história é essa de que sempre fui formigão? Agora que estou me aventurando um pouco em doces. Depois que você comer os doces que a Mercedes faz, duvido manter esta forma. – desafiou Raul – E por falar nisso, vou lá me servir. Aconselho você a fazer o mesmo antes que acabe, não vai se arrepender.

— Eu vou mesmo. Depois desta comida maravilhosa, não perco os doces por nada, afinal, preciso de energia para treinar mais tarde.

Após saborearem os doces servidos, Raul e Sueli voltaram para o centro de monitoramento, de mãos dadas, como mandava o figurino.

Agora que Raul tinha o auxílio de Sueli, poderia verificar a contabilidade da fazenda, estoques, pedidos de compra etc., no que já há alguns dias não mexia e isso fazia parte de seu disfarce. Levou praticamente a tarde inteira para colocar tudo em ordem.

Por sua vez, Sueli ficou responsável pelo monitoramento, intercalando com o material que já havia sido gravado.

Como informado por Raul, no refeitório, realmente Dr. André gostaria de ter dado a notícia sobre Antônio e Simone pessoalmente, mas teve que sair cedo com o Sr. Gregório para visitar algumas fazendas que estavam à venda na região. Mas, antes, Raul instalou em Dr. André a escuta, uma vez que não havia recebido qualquer informação sobre este Sr. Gregório até aquele momento e ninguém o acompanharia nesta saída.

Visitaram várias fazendas da região, poucas a venda, mas como Dr. André conhecia e era conhecido por toda região, não poderia passar pela porteira de alguns amigos, sem parar para o café, seria um desaforo.

Durante todo o tempo, conversaram sobre terras, produção de alimentos, grãos, gados etc. Ou seja, tudo ligado com o suposto interesse do Sr. Gregório, o qual se mostrava uma pessoa muito agradável, porém, nada falava sobre si mesmo, seu passado ou família, o que deixou Dr. André intrigado.

— Mas me diga, Sr. Gregório, tem filhos? Família?

Sr. Gregório mudou sua feição e respondeu:

— Me perdoe, Dr. André, agradeço por toda sua hospitalidade, mas não gosto de falar sobre minha família ou minha vida pessoal. Peço que me entenda, dentro do negócio em que vivo, quanto menos souberem, menor é o risco que meus familiares podem vir a correr. Eu lido com valores muito elevados, segredos industriais e outras coisas. Minha família pode ser presa fácil se não tivermos cuidado. – e prosseguiu:

— Não me leve a mal, nem de longe estaria desconfiando de você. Tenho certeza que estou na presença de um homem de bem, íntegro, correto. Mas o tempo faz a segurança. De qualquer forma, quebrando o padrão, eu tenho uma filha de criação.

Dr. André pediu desculpas e se calou, o mesmo fazendo Sr. Gregório.

Após várias visitas, almoço e cafés, os dois retornaram à Fazenda São Jerônimo.

— Sr. Gregório, que tal um bom vinho do porto para molhar a poeira da garganta? – perguntou Dr. André.

— Aceito com certeza, estou realmente precisando. – respondeu Sr. Gregório.

Enquanto apreciavam um bom vinho do porto no escritório do Dr. André, Sr. Gregório sondou:

— Dr. André, gostei de muitas fazendas que vi na região, mas não poderei ir embora sem lhe perguntar uma coisa.

— Pergunte, Sr. Gregório, pergunte.

— Quanto você quer por sua fazenda, de porteiras fechadas?

Dr. André engasgou.

— Me desculpe Sr. Gregório, mas esta fazenda não está à venda. Não enquanto eu estiver vivo e acredito que pelo João Alberto também não será vendida.

— Dr. André, em toda esta minha vida, a única certeza que tenho é que tudo tem um preço. Não seria diferente com esta fazenda, diga, qual o seu preço?

— Sr. Gregório, acho que não fui claro o suficiente. – respirou fundo – Esta fazenda não está e não estará à venda por muitos e muitos anos, ela não tem preço. Aqui vivem inúmeras famílias que viram seus filhos e netos crescerem. Estão aqui há muitos anos, não são mais funcionários, somos uma grande família, uns cuidando dos outros. Tenho certeza que encontrará outras fazendas ainda melhores e maiores do que esta.

— Tudo bem, Dr. André, por enquanto, o assunto está finalizado, mas pense em números, um dia voltaremos a conversar. Agora você me dê licença que vou me banhar. Só preciso de mais um favor: você poderia pedir para alguém me levar até a cidade? De lá pego um táxi até a capital. Tenho algumas pendências a serem resolvidas por lá, depois embarco de volta para Londres.

— Com certeza, Sr. Gregório, alguém irá leva-lo até a cidade quando o senhor quiser.

Pouco tempo depois, Sr. Gregório estava de volta, com suas bagagens.

— Bem, Dr. André, estou de saída, não quero me atrasar, pois ainda tenho muito que resolver. Agradeço pela hospitalidade e por tudo que fez por mim nestes dias. Realmente você é um excelente homem, como poucos, me senti honrado em conhecê-lo pessoalmente.

— Eu é que agradeço, Sr. Gregório, esteja sempre à vontade quando quiser voltar. As portas estarão abertas.

— Obrigado novamente, você poderia me fazer aquela gentileza? E, por favor, pense no que conversamos, tudo tem um preço, é só questão de números.

— O Jeremias já está lá embaixo aguardando. Vou pedir para ele vir buscar suas bagagens e, repito, a Fazenda São Jerônimo não está à venda, por preço algum. É melhor o senhor se conformar com isso. (Dr. André expressou um sorriso amarelo).

— É o que veremos, Dr. André, é o que veremos....

Sr. Gregório desceu acompanhando Jeremias.

Dr. André ficou enraivecido. Como este homem se mostrou arrogante e petulante, mesmo que houvesse alguma possibilidade de venda da fazenda, jamais seria para ele. – pensou.

No centro de monitoramento, Sueli recebeu um documento.

— Raul, dê uma olhada no que acabamos de receber.

— Nossa, é o que estávamos esperando há dias. Todo o dossiê sobre este tal de Sr. Gregório, mas por que demorou tanto? Deixe-me ver.

Raul passou a examinar o dossiê emitido pela polícia internacional. O Sr. Gregório, ou na verdade, Sr. McGregor, Adolf McGregor, criminoso internacional, com investigação em mais de 25 países, porém, sem elementos suficientes para condenação.

O dossiê apontava Sr. Gregório ou Sr. McGregor como sendo um dos mentores de uma organização internacional que praticava, através de seus agentes, os mais diversos crimes para atingir seus objetivos: corrupção, estelionato, lavagem de dinheiro, homicídios, tráfico de entorpecentes, coação, ameaça, lesões corporais entre outros. No entanto, contava com exímios advogados em todos os continentes, os melhores que o dinheiro poderia pagar, o que não era problema para ele.

— Sueli, peça para conseguirem um mandado de prisão para ele. Vou tentar detê-lo enquanto isto. – Raul falou e correu até o casarão.

Ao sair do centro de monitoramento, viu o carro, onde estava o Sr. Gregório passar pelo portão. Gritou, mas como os vidros estavam fechados e já havia uma considerável distância, Jeremias não ouviu e seguiu adiante.

— Maldito!!!! Gritou Raul.

Dr. André, que a tudo observava de sua varanda, gritou:

— O que houve, Raul? Por que está gritando?

Raul, desconsolado, somente acenou para Dr. André, como quem pede desculpas, voltou para o Centro de monitoramento.

— Sueli, avise nosso pessoal para pedirem apoio da polícia federal e estadual em todos aeroportos, rodoviárias, portos, estradas e onde mais for necessário. Este maldito não pode escapar.

— Você não acha melhor ligar para o motorista que levou o cara? De repente ele pode voltar.

— Não, isso pode colocar a vida do Jeremias em risco. É melhor que ele não saiba de nada. Mesmo que enviemos uma mensagem, não sabemos qual será a reação. O risco é muito grande, por isso também que não sai em perseguição.

Jorge chegou à Fazenda São Jerônimo, estacionou o carro rapidamente e correu para o centro de monitoramento, onde estavam Raul e Sueli.

— Cheguei o mais rápido que pude.

— Mas quem te avisou? – perguntou Raul.

— Fui eu. – respondeu Sueli – achei melhor avisar o Jorge antes que você fizesse alguma besteira.

— Quase eu consigo prender aquele verme. – afirmou Raul.

— Ainda bem que você não conseguiu. Não temos nada contra ele. Somente o que está no dossiê não iria garantir a prisão dele e o desmantelamento de toda organização. Onde você estava com a cabeça, Raul? – perguntou, um tanto quanto irritado, Jorge.

— Mas como você sabe que no dossiê não tem nada que possamos usar para incriminar aquele lixo? – Questionou Raul?

— Me encaminharam este documento ontem à noite. Eu já sabia que ele iria embora hoje.

— Desculpe, Jorge, me precipitei, poderia ter estragado toda operação. Deveria ter aguardado seu comando, você está onde está não é por acaso, chefe.

— Agora não é hora para lamúrias, Raul. Pegue estes dossiês e vamos comigo ao escritório do Dr. André.

Encontraram Dr. André em seu escritório, o qual, ao ver Jorge, perguntou assustado:

— O que está acontecendo?

— Preciso de um favor.

— Diga o que precisa, Jorge.

— Necessito da planta da fazenda, o senhor tem?

— Sim. – Dr. André retirou uma pasta de um móvel próximo a mesa e entregou a Jorge. – Está aqui, mas posso saber para que você precisa desta planta?

— Só preciso tirar uma dúvida. O Raul vai escanear este documento e já devolvo para o senhor.

— Tudo bem.

Saíram do escritório. Jorge segurou no braço de Raul e falou baixinho:

— Faça um levantamento do solo da fazenda. Quero um estudo profundo. Depois fale para a Sueli mandar o pessoal de Londres trazer o Luiz para cá urgentemente. Outra equipe próxima deverá se deslocar para lá e manter monitoramento intensivo a todos que entrarem ou saírem da casa do Gregório e ficarem atentos ao meu comando. Quando estiver com o estudo do solo em mãos, me traga.

Raul saiu sem nada dizer.

CAPÍTULO 22

Revelação de Lana

João Alberto e Lana entraram na caminhonete, felizes, não viam a hora de ficarem um pouco sozinhos. Assim que saíram da fazenda, Lana pediu para João Alberto parar um pouquinho, ele atendeu, a jovem o abraçou e lhe beijou demoradamente, depois falou:

— Não via a hora de poder fazer isto de novo, João.

— Fico feliz – respondeu João Alberto – eu estava com a mesma vontade.

Porém, no caminho, Lana mudou de ideia. Pediu para João Alberto ir para outra cidade, pois ali ele conhecia todo mundo, não ficariam à vontade. João Alberto entendeu e concordou com ela. Ainda não era o momento deles se exporem, afinal, ele ainda continuava sem saber muito sobre a jovem. Acreditava que não estava certo iniciar nada sério sem que antes pudesse saber, realmente, que era ela.

Chegaram a uma cidade onde João Alberto foi algumas vezes, acompanhado de Carlos e Marcelo, onde haviam ótimos bares e lindas garotas. João Alberto não saía para dar em cima de garotas, afinal, nem precisava, pois parecia conter um imã que as atraia. Talvez por isso recebia muitos convites para sair, vindo dos rapazes da cidade, já que ele atraía as garotas, alguma coisa poderia sobrar para eles.

Encontraram um bar que parecia estar animado, música ao vivo e muita agitação. João Alberto se empolgou, mas Lana não gostou muito. Na verdade, sua intenção era exatamente oposta, queria um lugar sossegado e com pouca gente, assim, a atenção de João Alberto seria integralmente dela. João Alberto percebeu que Lana não havia se empolgado muito.

— Aqui parece estar animado, Lana, que tal?

— Animado demais para o meu gosto, João, mas se você quiser ficar por aqui, tudo bem.

— Sei lá, o que você tem em mente?

— Estava pensando em um lugar um pouco mais tranquilo, assim, poderemos conversar.

João Alberto, a princípio, não gostou muito da ideia, mas, pensando bem, talvez fosse a oportunidade que precisava para saber mais sobre Lana.

— Tudo bem, Lana, eu sei, exatamente, onde tem um lugar assim que você vai adorar.

João Alberto prosseguiu, pegou estrada novamente, indo para outra cidade, onde seguiram para um bar afastado, mas muito aconchegante, com a decoração toda rústica, fogão à lenha, petiscos e bebidas variadas, e como não tinha um movimento tão grande, o atendimento era de melhor qualidade. Você mesmo poderia se servir dos petiscos que quisesse, os quais ficavam no fogão à lenha, e caso preferisse algo que ali não estivesse, era só pedir ao garçom. Uma música de fundo, variando entre sertanejas de raiz e MPB.

— Aqui está bom para você, Lana?

— Ótimo, eles têm vinho?

— Sim, tem uma boa carta de vinhos aqui.

Sentaram-se e em pouco tempo o garçom veio lhes atender.

— Boa noite! – cumprimentou o garçom.

— Boa noite. – responderam – Você poderia nos trazer a carta de vinhos? – pediu Lana.

— Sim, só um minuto. – respondeu o garçom.

— Nossa, que lugar rústico, mas muito aconchegante João, como achou isto aqui?

— Meu pai me trouxe aqui há muito tempo, com minha mãe. Ainda era um restaurante, mas com a crise, o movimento caiu muito, ficou fechado por bastante tempo. O dono morreu. dizem que de desgosto. Há algum tempo, um dos filhos resolveu reabrir, mas com um novo conceito, assim, durante o dia é restaurante e à noite é um bar.

— Ótima ideia, não é? Mas parece que não caiu muito na graça dos locais.

— Realmente não tem um movimento muito grande, mas como ele não pretende que o movimento seja muito maior, pois prefere trabalhar com um público mais fiel e seleto, para ele está bom. Durante o almoço a coisa é diferente, muito movimento e de um pessoal que não se importa em gastar.

— Tá, entendi, aí uma coisa acaba suprindo a outra.

— Exatamente.

O garçom chegou com a carta de vinhos. Lana pediu um vinho chileno, tinto seco e duas garrafas de água sem gás.

João Alberto chamou Lana para se servirem dos petiscos no fogão à lenha. Quando voltaram à mesa, o garçom estava aguardando para abrir e servir o vinho escolhido.

Começaram a conversar sobre diversos assuntos. João Alberto só estava esperando a oportunidade para entrar no assunto que mais lhe interessava naquele momento. Na primeira oportunidade, não se fez de rogado.

— Lana, como você está?

— Oras, João, estou bem, por que?

— Na verdade, Lana, nunca mais tocamos no assunto, até por respeito a você, mas ainda não sei muito sobre você. Se lembrou de mais alguma coisa, poderíamos conversar sobre isso?

Lana perdeu a fala momentaneamente. Embora ela soubesse que mais cedo ou mais tarde isso iria acontecer, não imaginou que seria naquele momento. Se perguntou por que ficar adiando o inevitável?

— Me perdoe, Lana, se acabei te constrangendo. Se não quiser falar no assunto, tudo bem, vou entender.

— Não, João, você tem toda razão, já passou da hora de eu dar uma explicação para você e para o Dr. André, então, vamos lá.

Lana ingeriu um pouco do vinho que estava em sua taça, talvez até para criar coragem.

— Bom, o meu nome é mesmo Lana Deverich, sou natural da Irlanda, fui criada e educada na Inglaterra por um homem muito bondoso desde muito pequena, não sei quem são meus pais biológicos. Vim para este país alguns anos antes de ingressar na faculdade. Em São Leopoldo, não havia campo de trabalho para mim, então, depois de muito pensar, resolvi aceitar o convite de algumas amigas para vir para esta região, em razão das fazendas de criação de gados e cavalos.

Mais um gole no vinho. João Alberto ouvia a tudo, sem qualquer manifestação.

— Quanto ao que me aconteceu, o que me lembro é que algumas horas depois que entrei na estrada, achei que haviam dois carros me seguindo. Mas sabe como é, não dei muita atenção, acreditei que era coisa da minha cabeça e segui viagem. Depois, o que me recordo é que um carro me ultrapassou e o outro ficou colado na minha traseira. De repente, o da frente freou bruscamente, acabei colidindo com ele e, depois disso, só me lembro de estar na sua casa.

Lana ficou emocionada, os olhos lacrimejaram, não conseguia sequer olhar para João Alberto.

— Calma, Lana, agora está tudo bem, você está segura. – afirmou João Alberto.

Ela sorriu.

Ficaram em silêncio por um tempo. Lana levantou a cabeça, forçando um sorriso no rosto, falou:

— Mas nem tudo é tristeza, né, João? Se não tivesse acontecido isso, jamais eu teria vindo parar na fazenda e conhecido vocês. Acho que, analisando friamente, tudo que aconteceu acabou sendo melhor para mim. Hoje eu tenho em Dr. André um amigo, quase como um segundo pai, que cuidou e cuida de mim até hoje, Mercedes, que também sempre foi maravilhosa comigo e você, por quem eu.... (ficou muda).

— Você o que, Lana?

— Nada não, deixa pra lá. Agora vamos apreciar este vinho que só eu estou bebendo, você está só me enrolando...

— Que nada, não esqueça que um de nós terá que voltar dirigindo. – brincou João Alberto.

— Verdade, então é melhor você pedir um suco para você... – sorriu Lana.

João Alberto, ao ver o sorriso de Lana e depois da história que ela contou, não se conteve. Beijou a jovem intensamente e depois ficaram um bom tempo abraçados, sem nada dizer.

No caminho de volta, João Alberto não mais quis tocar no assunto, mesmo porque Lana, após consumir sozinha, duas garrafas de vinho, acabou por adormecer.

Chegaram à fazenda por volta das duas horas da manhã. João Alberto achou estranho, mas Jorge estava na varanda, como quem tivesse esperando por ele. Acordou Lana com toda delicadeza. – Lana, chegamos, quer que eu te carregue no colo? – perguntou sorrindo.

— Só se for para você me colocar na cama e ficar lá comigo. – respondeu, maliciosamente Lana.

— Adoraria, mas você não está em condições de mais nada esta noite. Precisa é dormir, pois amanhã, certamente, terá muito o que fazer. – respondeu João Alberto sorrindo, mas na verdade, ele sentiu que Jorge queria falar com ele urgentemente.

— Então deixa, tá? Vou sozinha. – respondeu Lana também sorrindo.

Subiram as escadas.

— Boa noite, Jorge. – falou a jovem sem sequer se dar conta do horário e se dirigiu para o seu quarto, esquecendo até mesmo de se despedir de João Alberto.

— Boa noite, Lana. – respondeu Jorge – Boa noite, João.

— Boa noite, Jorge, perdeu o sono? – questionou João Alberto.

— Não, estava esperando você chegar, preciso falar contigo. Pode ser agora?

— Claro. O que houve?

— Você pode me acompanhar? Antes de iniciar a conversa, tenho algo a lhe mostrar.

João Alberto ficou desconfiado, mas resolveu aceitar o convite e acompanhou Jorge até o celeiro.

— Mas ali não é o quarto do Raul e da Sueli? – questionou João Alberto.

— Sim e não, mas, por favor, vamos entrar, tenho algo a lhe mostrar lá e depois conversaremos. Eles também estão esperando por você.

Quando Jorge abriu a porta, João Alberto viu Raul e Sueli. Ficou espantado com todos os equipamentos ali no local, monitores, câmeras, computadores, impressoras, muitas mochilas e malas acomodadas pelo local.

— O que é isso, Jorge? Questionou João Alberto.

— É o que pretendemos lhe contar, João, por isso que lhe trouxe aqui a essa hora em que todos estão dormindo.

— Me perdoem todos, boa noite! — Cumprimentou João Alberto, recebendo o cumprimento de todos.

Jorge pediu que João Alberto se sentasse e que servissem café, pois a conversa seria longa e precisariam de uma energia extra. Passou a narrar tudo: esclareceu quem eram, quem os enviou, qual seria o trabalho inicial e tudo (ou quase tudo) que descobriram, e, principalmente, os motivos para que Dr. André e Dr. Peixoto mantiveram completo sigilo da operação, inclusive dele, bem como, o porque estavam contando tudo a ele naquele momento.

João Alberto ainda foi alertado da imperiosa necessidade do sigilo. Tudo deveria continuar como antes. Para todos efeitos, eles eram funcionários da fazenda, nada mais do que isso e qual seria a participação dele a partir daquele momento.

Quando deram por si, já havia amanhecido. Todos, sem exceção, iriam trabalhar normalmente naquele dia, inclusive João Alberto, o qual somente foi ao seu quarto tomar um banho e trocar de roupas.

CAPÍTULO 23

Vicente vai à pesca

— Alguma novidade quanto à equipe que traria o Luiz? – questionou Jorge.

— Até agora nada, me parece que eles não encontraram o Luiz ainda. – respondeu Sueli.

— Como assim não encontraram? Eles não estavam vigiando como eu mandei?

— Pelo visto não, chefe.

— Me ponha em contato com eles, por favor.

— É pra já. – respondeu Sueli – Tá chamando, pode usar a câmera daquele computador – apontou um terminal à sua direita.

— Bom dia, James! – cumprimentou Jorge ao homem que estava do outro lado da tela.

— Bom dia, chefe. – respondeu James.

— O que está acontecendo aí? Cadê o Luiz? Vocês não ficaram de olho nele como determinei?

— Sim, chefe, estávamos de olho nele, mas o cara conseguiu sumir do nada. O carro dele está na garagem e não o vimos sair, mas também não tem ninguém na casa. Instalamos detector de movimento e calor e não tem ninguém lá.

— Como assim? Vocês verificaram as imagens e as escutas?

— Sim. Não tem nada. A última coisa que aparece é ele indo tomar banho há mais de três horas, ninguém entrou lá e não tem conversa.

— Então mande alguém entrar lá sem fazer alarde. Veja o que está acontecendo. Impossível que alguém permaneça no banho por tanto tempo. Me admira que vocês não estranhassem isso.

— Já fizemos isto, chefe, não tem ninguém lá. O chuveiro estava aberto, mas não tinha ninguém no banheiro, não há qualquer vestígio de arrombamento e as portas estavam trancadas por dentro.

— Mande uma equipe lá, liguem os equipamentos, quero acompanhar tudo.

— Ok, chefe, iremos imediatamente.

A equipe de James entrou sorrateiramente na casa. Jorge estava acompanhando todos os passos pelo monitor. Quando chegaram ao banheiro, Jorge mandou que afastassem os tapetes. Bingo, um alçapão estava instalado no piso.

— Abram isso e vejam onde vai dar. – determinou Jorge.

A equipe entrou. Havia uma escada. Desceram e saíram em um corredor com uma iluminação muito fraca, mas o suficiente para iluminar o caminho. Seguiram por uns 150 metros, encontraram outra escada e outro alçapão. Subiram e acabaram por sair e um cômodo com a aparência de depósito de sucatas. Não havia ninguém. Abriram a porta do local e saíram em um beco, o qual dava acesso a uma rua. Nenhum sinal de Luiz.

Jorge ficou extremamente nervoso, deu um soco na mesa. – Eu quero todas as equipes disponíveis no percalço dele. Revirem esta cidade, verifiquem todos aeroportos, rodoviárias, estações de trem, empresas de táxi e locação de veículos. Vou rastrear os cartões dele. Me avisem caso tenham alguma novidade. – Determinou à James.

— E agora, chefe? Perguntou Raul.

— Façam as varrições na conta e cartões dele. Temos que encontrá-lo o mais rápido possível.

— Vicente. – falou Jorge ao telefone. Perderam o Luiz, vou precisar de você.

— O Luiz já saiu de Londres, chefe.

— Como você tem tanta certeza, Vicente? – questionou Jorge.

— Escutei a conversa que teve com James, o Raul deixou a linha aberta. Ele está assustado com alguma coisa, planejou tudo, inclusive, sua rota de fuga. Sabia que a qualquer momento teria que desaparecer.

Vai viajar de um lado para outro por uns três dias, sem deixar qualquer vestígio, por isso, não adianta colocar o pessoal atrás dele em Londres, é perda de tempo.

— Tá, então o que você aconselha? – questionou Jorge, já ficando novamente irritado.

— Calma, chefe, mas você não me chamou à toa. A minha opinião é que ele irá para um lugar onde poderá se misturar facilmente. Pelo que vocês levantaram, ele esteve no Cairo mais de cinco vezes em pouco tempo, ou seja, ele conhece bem o local e se trata de uma cidade turística, o que vai facilitar com que se misture e se esconda por um tempo.

— Sim. Somando todas as viagens, me parece que ele ficou por lá mais de um ano. – respondeu Raul.

— Tudo bem, Vicente, confio muito na sua experiência e no seu faro, vá para lá.

Jorge se dirigiu a Raul e Sueli — Vejam quem está disponível naquela região e mandem ficarem atentos. Enviem as fotos que temos, falem para instalar câmeras de identificação facial em aeroportos e rodoviárias. Quero todas as conversas e mensagens do celular dele, algo me diz que poderemos ter uma boa ideia do que o levou a fugir deste jeito.

Raul e Sueli iriam cumprir integralmente as ordens de Jorge.

Voltando ao telefone, Jorge falou – Vicente, você tem mais ideias na sua cabeça, posso sentir isso, te conheço muito bem, meu amigo.

— Na verdade sim, mas vai parecer teoria da conspiração chefe. – respondeu Vicente.

— Tanto faz o que vai parecer, eu quero ouvir.

— Não sei até onde podemos confiar em todos que estão envolvidos nesta missão. Não me refiro ao nosso pessoal, mas não conhecemos todos, principalmente no pessoal que estava encarregado de vigiar o Luiz.

— Você acredita que pode ter havido vazamento?

— Sim.

— Antônio e Simone não estão no local determinado. Resolvi mudar os planos e depois iria te avisar. De qualquer forma, o pessoal que deveria estar de olho neles também não te informou nada, certo?

— Não mesmo, estou sabendo agora, por você.

— É como lhe disse, não confio em ninguém além de vocês, por isso que mudei os planos.

— E por que você não me falou nada antes? Também não confia em mim?

— De forma alguma, chefe, eu sabia que se te falasse, você iria para cima deles e isso poderia atrapalhar o que estou tentando te provar. De qualquer forma, eles estão seguros, mas se você confia em mim, não me peça para dizer onde.

— Tudo bem, Vicente, entendo sua posição. Mas agora, com eles seguros, preciso que você faça o que conversamos, vá para o Cairo.

— Tenho outra ideia. Certamente, o Luiz não vai direto para o Cairo. Como falei antes, vai perambular por uns três dias, por isso, teremos tempo. Acho que seria melhor eu ir para onde o Antônio e a Simone deveriam estar.

— Por quê?

— Se eu estiver certo, poderemos fisgar alguns peixes.

— Entendi, Vicente, veja o que precisa e peça ao Raul ou a Sueli.

— Fechado Chefe.

— O melhor é que Vicente permaneça como um fantasma, como ele mesmo diz. Quando ele resolver, nos mandará notícias e, por favor, somente entrem em contato com ele em último caso. Nem pensem em rastreá-lo neste momento. Estou em dúvida da confiabilidade de nossos sistemas de contato. – alertou Jorge a Raul e Sueli.

— Sério, chefe? – perguntou Raul – Vou verificar se temos intrusos no sistema.

— Faça isso. Se for o caso, mudem de satélite.

— Pode deixar, chefe.

Vicente, mudando os planos traçados com Jorge, anteriormente, levou Antônio e Simone para uma bela casa em um condomínio fechado, de frente para o mar, em um litoral nordestino.

Quando Vicente teve a certeza que eles estariam seguros, deixou Antônio e Simone e foi para Maceió, onde seria o refúgio inicial de Antônio e Simone.

Todos os dias Vicente saía do hotel pela manhã com uma mochila, trajava um macacão de uma empresa de instalação e manutenção e se dirigia ao aeroporto. Instalava câmeras de vigilância e reconhecimento facial por todo o aeroporto. Programou seu celular para avisá-lo caso o rosto pretendido fosse reconhecido.

Com o serviço realizado, retornou para onde havia deixado Antônio e Simone. Quando chegou, encontrou Antônio na sala, assistindo a um programa de televisão.

— Que surpresa maravilhosa! – gritou Antônio entusiasmado ao ver a chegada de Vicente.

— O que foi, meu pai? – questionou Simone.

— Venha ver, Márcia, quem veio nos visitar.

Quando Simone chegou à sala, não acreditou, era Vicente. Ficou muito feliz e não se conteve, correu e abraçou Vicente como se fosse um parente querido ou seu namorado. Vicente ficou sem graça, mas gostou da reação da jovem, afinal, há algum tempo ele já estava sentindo algo diferente por ela, mas estando a trabalho, não tentou uma aproximação.

— O que o trás aqui, meu amigo? – questionou Antônio.

— Vim ver como vocês estão. Tudo bem com vocês?

— Sim, graças a Deus no céu e você na terra. – respondeu Simone.

— E você, tem alguma novidade para nós, Vicente? – questionou Antônio.

— De concreto, ainda não, mas acho que em pouco tempo vocês estarão retomando a vida de vocês.

— Graças a Deus – gritou Antônio.

— E quando isso acontecer você vai embora, não é, Vicente? – perguntou Simone.

Vicente não queria responder esta pergunta, mas não havia outro jeito. – Sim. — Respondeu embargado.

Simone voltou para a cozinha sem nada dizer. Antônio, percebendo a situação, tentou quebrar o clima triste que ficou naquela casa. – Você bebe alguma coisa, Vicente? Tem cerveja gelada...

— Bom, como hoje não tenho mais nada a fazer, vou aceitar a cerveja, mas espero que não tenha somente uma cerveja gelada (riu).

— Que nada, meu jovem, a geladeira tem o bastante, pode acreditar, vou lá buscar. – falou Antônio.

— Fique tranquilo, Antônio, eu mesmo pego – respondeu Vicente e se dirigiu a cozinha.

Simone percebeu a chegada de Vicente, mas não se virou. Vicente abriu a geladeira, pegou duas cervejas, colocou em cima da mesa, chegou próximo a Simone e falou:

— Olha, eu sei que tudo isso está mexendo com a sua cabeça. Posso imaginar o quanto está sendo difícil para vocês, deixarem a vida que tinham, não confiarem em ninguém, mas estou com vocês e se, você permitir, gostaria de sempre estar.

Márcia se virou, cabeça baixa. – Como assim, sempre estar conosco?

— Você entendeu, Simone. Isso se você quiser.

Simone levantou a cabeça e sorriu. – Claro que eu quero. Pensei em você todos estes dias. Não sei o que aconteceu. Quando saímos da fazenda eu estava com raiva de você e dos seus amigos, mas no período em que você ficou ao nosso lado, nos protegendo, comecei a conhecê-lo melhor e gostei muito do que conheci em você.

— Fico feliz por isso, Simone, pois eu também fiquei pensando em você todo este tempo. Gostaria muito, agora, de lhe abraçar e beijar, mas acho que ainda não é a hora. Estou a trabalho e não posso descuidar um minuto. Qualquer sentimento diferente do trabalho pode atrapalhar a minha concentração, espero que entenda.

— Entendo, Vicente, mas um beijo não pode ser tão ruim assim, não é? – Abraçou Vicente e o beijou profundamente.

Todo sem graça, Vicente, após o beijo de Simone, pegou as garrafas de cerveja e levou para a sala. Entregou uma para Antônio e sentou-se ao lado dele no sofá para assistirem um filme de ação, no estilo que Vicente mais gostava.

Antônio percebeu que algo aconteceu na cozinha, mas preferiu ficar quieto, afinal, Vicente era uma excelente pessoa e seria um bom partido para sua filha.

Alguns dias depois, Vicente entrou em contato com a central de monitoramento:

— Boa tarde, como vão vocês?

— Tudo bem, e com o senhor? – falou Raul.

— Minhas férias estão ótimas, estou de viagem para o exterior, quero conhecer uma civilização antiga.

Raul chamou Jorge e colocou a conversa em viva voz para que ele escutasse.

— E quando você pretende ir, meu amigo? – perguntou Raul.

— Vou hoje. Estou com todos documentos necessários.

— Quanto tempo pretende ficar por lá?

— Ainda não sei, mas eu aviso. Vai depender de quanto tempo demorarei para localizar o que vou procurar. Estou certo que voltarei com um belo presente para todos vocês.

Jorge acenou positivamente com a cabeça.

— Está certo, meu amigo, tenha muito juízo, não faça nada ou deixe de fazer, que se arrependa depois. Mantenha contato, quero saber sobre tudo que você encontrar por lá. Ficaremos aguardando seu retorno com o presente prometido.

— Pode deixar. – respondeu Vicente e desligou.

— Não sei, chefe, o Vicente está indo para o Cairo, ele vai atrás do Luiz, pode ter certeza.

— Eu sei, Raul, eu sei, mas isso me preocupa. O Vicente estará totalmente sozinho e ele não confia em ninguém. Fiquem atentos a qualquer contato. Estou indo à cidade, não devo demorar.

Ao chegar à cidade, Jorge foi diretamente para a delegacia, sendo recebido pelo escrivão Marcelo.

— Boa tarde, pois não? – perguntou Marcelo.

— Boa tarde, poderia falar com o Dr. Peixoto?

— Posso saber do que se trata? – questionou Marcelo.

Jorge fez de tudo para não deixar transparecer sua irritação.

— Acredito que não. Sou empregado da Fazenda São Jerônimo e o Dr. André me mandou vir aqui falar com o Dr. Peixoto, tenho um recado para ele. Você poderia chamá-lo ou me levar à sala dele?

— Pode me passar o recado que eu repasso, ele está muito ocupado e não poderá te atender. – Insistiu Marcelo.

— Me desculpe, moço, mas a ordem foi falar diretamente com o Dr. Peixoto, que é o delegado daqui, não é?

Marcelo começou a se irritar com Jorge e seu tom de voz começou a se alterar, exatamente como Jorge queria.

— Eu sou escrivão de polícia. Na falta do delegado eu é que respondo pela delegacia. Se eu estou falando para você me passar o recado que eu transmito, é isso que você deve fazer, está me entendendo?

— Estou sim, senhor escrivão, mas sabe como é, ordens são ordens. Se o Dr. André mandou eu falar somente com o delegado, é com ele que vou falar, se ele não está, não tem problema, eu volto depois.

— Espera aí, moço, você não sai daqui enquanto não me passar o recado, está entendendo? (falou Marcelo já aos gritos).

Antes que Jorge respondesse, Dr. Peixoto saiu de sua sala, dirigindo-se onde estava a confusão:

— O que está acontecendo aqui?

— Este lixo está me desacatando, doutor, vou dar voz de prisão a ele. – falou Marcelo, um tanto quanto alterado.

— Boa tarde, Jorge, o que está acontecendo?

— Eu já falei, doutor. – Continuou Marcelo.

— Marcelo, fique quieto, não perguntei a você. O que está acontecendo, Jorge? – reiterou o delegado.

— Nada de mais, Dr. Peixoto, só um mal-entendido. Tenho um recado do Dr. André, o senhor poderia me atender?

— Claro, vamos entrar. – falou o delegado, e continuou – Marcelo, depois conversamos.

Jorge entrou na sala do delegado, o qual fechou a porta.

— Complicado este seu escrivão, hein, doutor. – afirmou Jorge.

— Me desculpe, Jorge, às vezes ele extrapola as funções.

— Acho que o senhor deveria ficar mais atento a ele. Estranha a atitude dele em querer saber o que eu teria para falar com o senhor, a insistência foi demasiada.

— Pode deixar, ficarei mais atento. Mas o que o trouxe aqui?

— Estou precisando que o senhor consiga algumas ordens de prisão? Seria possível?

— Sim, mas me deixe a par de tudo, por favor. – solicitou o delegado.

Jorge passou a narrar todos os acontecimentos, provas e investigações em curso, Dr. Peixoto ficou assustado, mas se prontificou a providenciar tudo o que fosse necessário.

— Jorge, só preciso de um tempo, você sabe que isto eu não consigo da noite para o dia. – pediu o delegado.

— Eu sei, doutor, mas peço dedicação. Pretendo estar com tudo pronto quando precisar. Conto com o senhor para que tudo termine bem.

— Pode contar comigo. Assim que conseguir, eu darei um jeito de levar até você. Não acho que seja prudente você voltar aqui, ao menos por enquanto.

Jorge concordou com o delegado. Se despediu e saiu de sua sala. Quando estava saindo da delegacia, passou por Marcelo.

— Obrigado pela sua atenção, escrivão. – Jorge agradeceu com extremo sarcasmo.

— Por nada, empregadinho, vou ficar de olho em você, e no seu primeiro vacilo, estarei lá para lhe dar o corretivo. – falou Marcelo, com tom irônico.

— Combinado, escrivão, estarei aguardando. – respondeu Jorge, sorrindo.

Ao retornar ao centro de monitoramento, Jorge pediu contato com Vicente.

— E aí, Vicente, alguma novidade?

— Ainda não, mas deixei a rede armada, é uma questão de tempo.

— Ótimo, estou preparando os ingredientes que você pediu. Tem alguns que tive que encomendar, mas acho que estarão aqui quando você trouxer o peixe ou os peixes.

CAPÍTULO 24

Missão Cairo

Pouco tempo antes de Jorge determinar que o trouxessem, Luiz recebeu uma ligação. Ao olhar na tela de seu celular, verificou que se tratava de número não identificado. Um frio percorreu em toda sua espinha, colocando em dúvida se atenderia ou não a ligação, acabando por não atender.

Em seguida, recebeu mensagem em seu aparelho, que assim dizia:

"SE VOCÊ NÃO QUISER TER PROBLEMAS, ATENDA O TELEFONE"

Após a visualização da mensagem, o telefone tocou novamente.

— Alô. – atendeu Luiz.

— Me parece que você não levou à sério o recado que lhe mandei. Acho que terei que entregar o conteúdo do envelope à polícia. – falou um homem com voz grave.

— Calma, estava ocupado. Quem está falando?

— Você não precisa saber quem sou, eu sei quem você é e o que fez, isso basta. A única coisa que você tem que saber é que deverá atender sempre que eu ligar e fazer, exatamente, o que eu determinar. Nem pense em tentar fugir, estamos de olho em você 24 horas por dia e não há para onde correr.

— Entendi. O que você quer?

— Esteja na estação Kensington até as 18h00. Lá receberá um contato com novas instruções. Você está sendo vigiado por policiais, se desvencilhe deles e não tente nenhuma gracinha.

A ligação foi encerrada.

Luiz ficou assustado. Estava sendo vigiado por policiais e por outras pessoas que sequer sabia quem eram ou o que queriam. Por enquanto, seria melhor fazer o que eles mandaram. Lembrou-se de Madeleine e uma dor apertou seu coração.

Quando estava chegando próximo ao horário em que deveria se dirigir para a estação de Kensington e sabendo que estava sendo vigiado, foi ao banheiro e abriu o chuveiro. Pegou uma mochila com algumas mudas de roupas, dinheiro, cartões e passaportes, ajeitou sua saída pelo alçapão do banheiro e partiu.

Estando na rua, Luiz caminhou até a estação mais próxima, onde poderia embarcar com destino a Kensington, ficou atento para ter a certeza que não estava sendo seguido, não identificou nada suspeito.

No caminho, resolveu não seguir as determinações daquela voz misteriosa, alterando seu destino para St. Pancras, onde pegou o primeiro trem com destino a Bruxelas. Traçou sua rota: em Bruxelas iria para o aeroporto de onde embarcaria em voo para o Cairo.

Vicente chamou Antônio e informou que estaria seguindo viagem. Não sabia quando iria retornar, mas se tudo desse certo, eles não teriam mais que ficar se escondendo. Pediu para não comentar nada com Simone, pois ele mesmo gostaria de falar com ela.

— Entendo, Vicente, mas tenha paciência com a Simone. Ela está sofrendo muito com toda esta situação. Você já percebeu que ela, quando quer, fica pior que uma onça, mas com jeito, é mais carinhosa do que a brisa da manhã.

— Pode deixar, Antônio, terei paciência. Embora a conversa não seja o meu forte, vou me esforçar (risos).

Vicente aguardou a oportunidade para conversar com Simone. No início da tarde, Vicente convidou Simone para ir caminhar pela praia, o que foi aceito de imediato pela jovem.

Após uma breve caminhada, Vicente resolveu se sentar e Simone sentou-se ao seu lado.

— Simone, daqui a pouco estarei embarcando para uma missão. Não sei quando poderei retornar.

— Como assim, apareceu esta missão de uma hora para outra? Você não falou que ficaria conosco por algum tempo?

— Na verdade, a viagem já estava planejada na minha cabeça, mas resolvi isto hoje.

— Então me leve junto. Você disse que estamos seguros aqui, então não vejo problema do meu pai ficar sozinho por um tempo.

— Infelizmente não posso. Não será seguro para você, além do mais, com você próxima, não conseguirei trabalhar tranquilo.

— Eu não vou atrapalhar, se for preciso, ficarei no hotel o tempo todo, só quero ficar perto de você o tempo que for possível.

— Eu adoraria Simone, mas a missão é de alto risco. Não posso colocar sua vida em perigo, mas vou te fazer uma proposta.

— Proposta? Diga.

— Quando tudo isso terminar, iremos viajar para onde você quiser, qualquer lugar mesmo.

Simone sorriu. – Qualquer lugar?

— Sim, qualquer lugar.

— Em sendo assim eu aceito, mas com duas condições.

— Quais?

— A primeira é que seja uma viagem de lua de mel. – falou a jovem, olhando fixamente nos olhos de Vicente.

Vicente não se aguentou de alegria. – Você está me pedindo em casamento?

— Entenda como quiser. Aceita esta condição ou não?

— Com certeza. – respondeu Vicente com um sorriso contagiante no rosto.

Se beijaram.

— E qual a segunda condição?

— Volte inteiro para mim. – respondeu Simone com os olhos marejados.

Se beijaram novamente.

— Eu prometo. – afirmou Vicente.

Quando terminaram a conversa, o sol já havia se posto no horizonte. Resolveram retornar para casa, de mãos dadas.

Algum tempo após o jantar, Vicente resolveu ir deitar, afinal, levantaria cedo para ir até o aeroporto, seu voo sairia logo pela manhã.

Verificou os documentos, arrumou sua mochila de viagem, guardou suas armas. Chegando ao Cairo, iria direto a um fornecedor de armas e munições que conhecia.

Enquanto terminava de arrumar sua mala, ouviu a porta de seu quarto abrir, era Simone.

— Posso entrar? – perguntou a jovem.

— Claro, aconteceu alguma coisa?

— Sim. – Simone trancou a porta e se aproximou de Vicente. — Não quero que você vá sem levar uma lembrança de mim.

Simone e Vicente se amaram com muita intensidade.

Após 17 horas de viagem, Vicente chegou ao Cairo.

Luiz chegou em Bruxelas, aparentemente, em segurança, resolveu se hospedar em um hotel muito simples, onde sequer existe conferência no preenchimento do registro, já que o pagamento é antecipado e com hóspedes rotativos. Poderia descansar da viagem e verificar se realmente não havia sido seguido.

Após um banho, Luiz saiu para comprar uma mala de viagem e algumas roupas. Fez tudo no comércio local, embora não tenha encontrado produtos das grifes a que estava acostumado, comprou roupas de qualidade a um preço baixo. Resolveu se alimentar antes de voltar ao hotel, do qual somente sairia para ir ao aeroporto.

A todo o momento, Luiz verificava se não estava sendo seguido ou se haviam pessoas vigiando seus passos, desta vez, ele era a presa.

Pelo que pode perceber, até aquele momento, nenhum problema, mas no fundo ele sabia que isso não permaneceria assim por muito tempo, mais cedo ou mais tarde alguém iria encontra-lo.

Retornou ao hotel, descansou e na manhã seguinte dirigiu-se ao aeroporto e embarcou em um voo rumo à cidade do Cairo.

No início da noite chegou ao seu destino, pegou um táxi e foi para o 3 Pyramids Viem Inn, um hotel que jamais havia ficado. Pagou em dinheiro para não levantar suspeita e ainda conseguiu convencer a recepcionista a não se preocupar com o nome de registro, entrou n quarto, banhou-se e foi deitar, já que, logo pela manhã, teria que procurar alguns amigos, fazer umas compras, inclusive de armas.

Vicente se hospedou no Royal Pyramids Inn e, da mesma forma que Luiz, também foi descansar ao chegar em seu quarto, uma vez que também teria que fazer compras, inclusive armas, pela manhã.

Na madrugada, o celular de Vicente deu um alerta. O agente verificou tratar-se de reconhecimento positivo pelas câmeras instaladas no aeroporto. Imediatamente, repassou para a central de monitoramento, com os seguintes dizeres:

"AÍ VAI UM PRESENTE PARA VOCÊS"

Ao receber a mensagem com os anexos, Sueli não se conteve. — Caramba, Raul, olha só o que o Vicente acabou de nos enviar. O cara é bom mesmo.

— Deixa eu ver. — falou Raul — Reencaminha agora mesmo para o Jorge.

Dois minutos depois, Jorge entrou em contato. — Entre em contato com o pessoal e mande que eles peguem estes canalhas. Não me interessa os meios que eles utilizarão, eu quero estes caras.

— Tudo bem, chefe, já estou providenciando. É para retirar os equipamentos do local também? – questionou Raul.

— Não, ao contrário. Estou enviando um arquivo para vocês, quero que mudem o reconhecimento facial. Tenho certeza que este outro verme também irá aparecer em seguida. Façam isso agora.

— Recebi o arquivo. Já estou alterando o sistema com as fotos novas. Pronto, chefe, feito. – Respondeu Raul.

— Quero ficar sabendo assim que colocarem as mãos neles. Avise a todos. – determinou Jorge.

CAPÍTULO 25

Visita do Delegado

João Alberto não parava de pensar em tudo que viu e ouviu de Jorge. Todos ali poderiam estar em risco.

Resolveu falar novamente com Jorge, mas teria que dar um jeito que ninguém os visse conversando. Imaginou que, diante de todo aparato que viu na central de monitoramento, certamente, o escritório de seu pai estaria totalmente grampeado, com câmeras e escutas, e resolveu aproveitar.

Chegando ao escritório, verificou que não havia ninguém. Seu pai havia ido para a cidade. Sentou-se na cadeira do Dr. André, encostou na mesa e falou baixinho: — Acredito que alguém esteja me vendo e ouvindo, preciso falar com o Jorge. Vou esperar aqui.

João Alberto permaneceu em silêncio no mesmo lugar. Poucos minutos depois, Jorge entrou e trancou a porta.

— Muito esperto, João, o que você quer? – questionou Jorge.

— Eu sei que você não me passou todas as informações que tem, mas fique tranquilo, acredito que você somente me falou o que achava apropriado, mas tenho algumas dúvidas e um pedido a fazer. Se você não puder responder vou entender, mas peço que se esforce, tá bom?

— Feito, pergunte e peça.

— Todos aqui estão correndo risco, não é?

— Provavelmente.

— O meu irmão está envolvido?

— Não posso lhe responder.

João Alberto baixou a cabeça com a resposta de Jorge, o qual, percebendo, continuou a resposta. — Só posso te dizer que ele não é responsável com o que está acontecendo.

— Não aliviou muito, mas vou procurar não ficar pensando nisto.

— É o melhor que você tem a fazer. Se eu tivesse permissão, te contaria tudo. Mas posso garantir outra coisa, o Luiz não é o que vocês pensam, por isso, não julgue sem conhecer os dois lados da história.

— Está certo, Jorge.

— E o que você iria me pedir?

— Eu quero usar arma. Sei manusear e preciso estar preparado para defender a todos que amo e a mim mesmo.

— Nem pensar, João. Deixe isto para minha equipe, somos profissionais e estamos atentos a tudo.

— Jamais colocaria isto em discussão, não tenho dúvidas. No entanto, você há de convir comigo que sua equipe está muito desfalcada. Considerando o monitoramento, você conta com somente mais um agente, porém, temos pessoal espalhado por toda a fazenda. É impossível vocês cobrirem todos os locais ao mesmo tempo. Fique tranquilo, Jorge, vim pedir a você mais na condição de te avisar que eu irei andar armado, você querendo ou não.

Jorge ficou pensativo.

— Tudo bem, João, se eu não neguei isto ao seu pai por que negaria a você? — Jorge tirou uma pistola de sua cintura, escondida em suas costas e mostrou a João Alberto. — Fique com esta. Mas antes eu quero ver o que você sabe fazer com ela. Vamos para um lugar para que eu possa ver o que sabe e, se for preciso, te passar algumas orientações. Não quero deixar uma arma carregada na mão de um macaco (risos).

— Concordo, Jorge. Podemos ir agora para o lado sul da fazenda. Lá tem uns barrancos que poderemos usar.

— Ótimo, então vamos.

— Me faz um favor, Jorge, peça para o Jeremias aprontar os cavalos que já te encontro lá.

— Tudo bem. — Jorge saiu.

João Alberto e Jorge pegaram os cavalos e foram para o lado sul da fazenda, onde Jorge passou a observar João Alberto manuseando uma pistola e sua sequência de tiro.

— Realmente você não mentiu quando me falou que sabia manusear e atirar. Estou admirado. Nunca pensou em se inscrever em competições de tiro? – perguntou Jorge.

— Pensei sim, mas meu pai me falou que isso não era bom, que era para eu me manter o mais longe de armas possível. O homem se modifica quando está com uma arma na cintura. Mesmo assim, ele sempre manteve algumas armas guardadas em casa a sete chaves, por isso que falei para você que eu conseguiria uma você querendo ou não. Pegue de volta a que você me emprestou, eu tenho a minha. – João Alberto tirou outra pistola 9 milímetros da cintura e mostrou para Jorge.

— Esta marca é muito boa, você já atirou com ela?

— Foi com esta que eu aprendi.

— E você tem munição?

— Acredito que tenha o suficiente. Há pouco tempo comprei dez caixas de munição e carregadores.

— Como assim, vai começar uma guerra?

— Se for necessário para defender a todos que amo, pode ter certeza, Jorge.

— Tudo bem, João, tenho certeza que você sabe que ninguém deve ficar sabendo que você está portando uma arma. Só a pegue se realmente tiver que usar. Mantenha sempre dois carregadores no bolso, além do que já estará na pistola. Outra coisa, se você tiver que usar, não vacile.

— Entendi, Jorge, pode deixar, serei cuidadoso e pretendo jamais ter que usar, mas se for necessário, não irei vacilar.

No caminho de volta, João Alberto resolveu passar nos estábulos. Com sorte, encontraria Lana por lá. Avisou Jorge que tinha algumas coisas para fazer antes de voltar para o casarão. Jorge seguiu sozinho.

Chegando aos estábulos, João Alberto visualizou Lana escovando um dos cavalos que comprou no último leilão. Estava entretida, conversando com o animal, sequer ouviu a chegada de João Alberto, o qual deixou Tufão do lado de fora.

Chegou de mansinho, olhou em volta, certificou-se que Lana estava sozinha. Abraçou-a por trás. A jovem se assustou, mas quando percebeu que era João Alberto, não reagiu. Esperou um momento e virou-se para beijá-lo. No entanto, em meio ao beijo, Lana desceu suas mãos nas costas de João Alberto que, quando percebeu que ela se aproximava da arma, segurou os braços da jovem e trouxe para o seu pescoço.

— Que surpresa agradável, João, você poderia fazer isso mais vezes.

— Também acho, mas nós temos muito o que fazer por aqui, o nosso tempo é escasso.

— Verdade, mas como eu amo o que faço, não me importo em trabalhar bastante. Até acredito que o meu trabalho seja a minha terapia.

— Então somos dois, Lana. Bom, agora que vi que você está bem, vou indo, ainda tenho muito o que fazer.

Beijaram-se novamente e João Alberto se dirigiu para os silos.

Algum tempo depois, Dr. André chegou à fazenda, acompanhado do Dr. Peixoto e subiram direto para a cozinha.

— Oi, Mercedes, tem café? – questionou Dr. André.

— Olá, Mercedes. Cumprimento Dr. Peixoto.

— Tem café, mas faço questão de passar um novo. – informou Mercedes.

— Não precisa, Mercedes, você não faz ideia do café que eu tomo na delegacia (risos).

— Que isso, doutor, deixe o sofrimento para a delegacia. Aqui o senhor não passa apuros (risos), rapidinho eu passo um café fresquinho, não é trabalho algum.

— Está bem, Mercedes, então aguardaremos no escritório. – falou Dr. André, e se retiraram da cozinha.

Chegando ao escritório, Dr. André iniciou a prosa. – Bom, meu amigo, conversei com o Jorge. Resolvemos que o João deveria saber, ao menos parcialmente, o que está acontecendo, até mesmo para que ele fique em alerta.

— É, André, realmente já estava na hora. Mas quem falou com o João?

— O Jorge. Achamos melhor, ele saberia o que contar e como contar. Se eu fosse falar, correria o risco de falar demais e com isso até prejudicar toda a operação.

— Decisão acertada. E como ele reagiu?

— Ainda não sei, Peixoto. O Jorge, provavelmente, conversou com ele hoje, mas daqui a pouco iremos saber. Não vai demorar muito para ele subir, é só aguardar. Mas conhecendo o João como conheço, tenho certeza que ele pode querer ajudar de alguma forma. Mas o problema é que ele não possui qualquer experiência e se tentar ajudar pode acabar prejudicando.

— Tem toda razão, vamos aguardar. Quando ele subir, eu converso com ele.

— Obrigado, Peixoto. – agradeceu Dr. André.

Mercedes entrou no escritório com o café, xícaras e amanteigados feitos por ela. – Com licença, como prometi, estou trazendo um café fresquinho e uns amanteigados que acabei de tirar do forno.

— Eita, Mercedes, por isso que não venho aqui com mais frequência, você acaba me acostumando mal e ainda, depois, tenho que ficar de regime (risos).

— Que nada, doutor, o importante é ser feliz, eu pelo menos penso. Não sei quando vou morrer, mas quando isto acontecer quero estar de barriga cheia. Não sei como é do outro lado, vai que de repente não tem nada para comer lá... (todos riram muito com as palavras de Mercedes).

— Pensando desta forma, você tem toda razão, então, vamos ficar felizes (risos). – respondeu o delegado.

Enquanto todos ainda riam das palavras de Mercedes, João Alberto entrou no escritório.

— Nossa, quanta alegria, é bom ouvir risadas, isto contagia – falou João Alberto, e prosseguiu – Boa tarde, papai, Dr. Peixoto, Mercedes.

Todos responderam o cumprimento de João Alberto.

— João, meu filho, o café é fresquinho e tem amanteigados, aproveita. – falou Mercedes ao sair do escritório.

— Ainda bem que vocês estão aqui. – falou João Alberto – precisamos conversar, vou trancar a porta.

Dr. André e o delegado Peixoto se olharam.

— Não sei porque você trancou a porta, João, afinal, tudo que dissermos aqui será ouvido pelo Raul e pela Sueli. – falou Dr. André.

— Verdade, papai, mas é força do hábito. Tenho certeza que vocês estão sabendo que o Jorge veio falar comigo hoje. Só não entendo porque vocês não me contaram nada antes.

— Você sabe sim, João. Existe todo um planejamento de ação, e para que a possibilidade de sucesso aumente, temos que manter o maior sigilo possível. Tanto que, ninguém da delegacia está sabendo. Tirando o pessoal que está ligado ao Jorge, somente nós três estamos cientes e assim deve permanecer. – respondeu o delegado.

— Isso mesmo, filho. O Peixoto conversou comigo antes de iniciar e me pediu total sigilo. Eles ainda não tinham elementos suficientes para firmar uma linha de ação e qualquer intervenção, por menor que fosse, poderia arruinar tudo, por isso que a manutenção da vida normal diária era de total importância. – falou Dr. André.

— No que o Luiz está envolvido? – questionou João Alberto.

— E quem disse que o Luiz está envolvido João? – questionou Dr. André, mudando sua fisionomia.

— Calma, André. – falou o delegado – Quem falou que o Luiz tem algum envolvimento com tudo isso, João? – continuou o delegado, mas de forma mais serena.

— Eu perguntei ao Jorge e ele nada respondeu, mas sinto que o Luiz está envolvido. Só quero saber como.

— João, eu sei que o Luiz sempre foi difícil, se envolveu em muita confusão e fez muita coisa errada, mas daí querer envolvê-lo com tudo isso é muito exagero, você não acha? – questionou o delegado, enquanto Dr. André entendeu que seria melhor ficar quieto, pois poderia se alterar novamente.

— Desculpe, Dr. Peixoto, mas algo me diz que o Luiz está envolvido. Só não sei como e quando, mas de uma forma ou de outra eu vou descobrir. – respondeu João Alberto.

— Vou repetir, João, você está vendo cabelo em ovo. O que tem para ser descoberto, isso se ainda houver algo que a equipe do Jorge não saiba, eles mesmos se encarregarão de investigar. Não se envolva, escute o que te peço, não se envolva, deixe que eles façam o trabalho deles. Foram exaustivamente treinados e possuem vasta experiência e você não tem nem conhecimento e tampouco experiência nesta área.

— Eu sei, doutor, mas tem muitas pessoas em risco aqui. Não posso ficar somente esperando.

— E quem disse que você vai ficar só esperando? Agora que está sabendo, faça como o seu pai: fique atento a tudo e a todos. Qualquer coisa diferente, informe ao pessoal do Jorge, eles saberão o que fazer. Mas não queira agir por conta própria, isso só vai aumentar os riscos para você e para todos nós. – respondeu Dr. Peixoto.

João Alberto parou para pensar por alguns instantes. – Está certo, Dr. Peixoto, farei o que o senhor está pedindo, mas eu também tenho um pedido.

— Diga, João. – respondeu o delegado.

— Quero ficar ciente de tudo e que vocês arrumem uma forma para que eu possa ajudar na segurança de todos aqui. Não sei como, mas isto de ficar de olho aberto não é o suficiente.

— Tudo bem, vou ver o que posso fazer. Falarei com o Jorge, isto se ele não estiver nos ouvindo. Mas, Raul, sei que está ouvindo tudo, avise o Jorge que daqui a pouco eu irei até aí para conversar com vocês. – falou o delegado. – Bom, assim que conversar com Jorge, voltamos a conversar sobre isso, está certo? Por enquanto, faça o que o Jorge te orientou a fazer, não faça nada por conta própria, por favor.

— Está certo, Dr. Peixoto. Bom, vou me limpar e volto para o jantar. Dr. Peixoto, o senhor vai ficar, né?

— Mas é claro que vou, João, é impossível vir aqui e sair sem ao menos uma refeição da Mercedes (risos).

— Então nos vemos mais tarde. – respondeu João Alberto e saiu.

— É, Peixoto, vai ser difícil segurar o João. O que podemos fazer? – questionou Dr. André.

— Fique tranquilo, meu amigo, falarei com o Jorge e, certamente, ele terá uma solução.

— Então vamos ao café, Peixoto!

Após conversar com Dr. André, por mais algum tempo, sobre outros assuntos, Dr. Peixoto se dirigiu até o centro de monitoramento. O Dr. André permaneceu no escritório para se inteirar dos preços dos grãos para vender parte da produção, já que se aproximava a época da colheita e as plantações tiveram excelente resultado.

— Boa tarde a todos. – cumprimentou o delegado, recebendo o cumprimento de todos. – Jorge, alguma sugestão? – questionou Dr. Peixoto, pois tinha a certeza que Jorge já tinha escutado a conversa no escritório.

— Ainda não, doutor, mas pensarei em algo.

— Disso eu tenho certeza. O meu receio é que ele não tenha paciência e acabe fazendo alguma besteira.

— Não se preocupe, delegado, estamos de olho nele. Mas, aproveitando que o senhor está aqui, gostaria que desse uma olhada no que recebemos hoje. Embora o Vicente tenha falado que nos enviou um presente, na verdade, vieram dois.

Dr. Peixoto olhou na tela de um dos computadores e ficou assustado com o que viu.

— Vocês já estão com eles? Como conseguiram? Quase toda polícia internacional está atrás deles.

— Agora é só uma questão de tempo. Eles não sabem que nós os encontramos. Estou com um pessoal infiltrado no hotel onde estão hospedados e outro pessoal espalhado em diversos pontos estratégicos, só preciso de mais um tempo para prendê-los porque estamos aguardando que eles façam alguns contatos.

— Entendi, mas não há possibilidade deles desaparecerem?

— Desta vez não, doutor, posso garantir. Inclusive, hoje mesmo estarei indo ao encontro do meu pessoal que está lá, quero fazer a prisão pessoalmente.

— Ótimo. Além das suas equipes, alguém mais sabe sobre isso?

— O senhor. (Jorge riu)

— Melhor assim. E quanto àquele agente que está envolvido, quando poderei colocar as algemas nele?

— Calma, delegado, ainda é necessário que ele continue sendo o informante deles. No momento certo o senhor poderá cuidar dele do jeito que o senhor quiser. Ele não me interessa, é todo seu, o que o senhor fizer estará feito.

— Não diga isto, Jorge, você não tem noção das coisas que já passaram pela minha cabeça.

— Posso imaginar, doutor, posso imaginar. – concordou Jorge, e continuou: — O peixe grande ainda está nadando em nossas águas. Também é questão de tempo para colocarmos a mão nele. Só estamos nos precavendo para que ele não consiga sair, novamente, ileso. Embora já tenhamos muito material, não quero deixar qualquer possibilidade de que ele não passe o resto da vida na cadeia.

— Eu posso até imaginar, afinal, há muito tempo você está no percalço dele. Infelizmente, nem todos os agentes são como você. Aquele outro, certamente se vendeu, mas não pôde usufruir, porque recebeu a punição merecida.

— Nem me lembre, doutor. Apesar daquele verme ter sido executado pelo próprio pessoal para quem ele se vendeu, ainda assim achei pouco.

— Quando você pretende voltar, Jorge?

— Acredito que, se tudo der certo como planejamos, no máximo em dois dias. Só estou verificando um lugar para guardá-los até o momento certo de levarmos, todos juntos, para serem julgados na Inglaterra. Não quero que sejam presos pela polícia local. Eles têm excelentes advogados que, com certeza, conseguirão soltá-los, principalmente aqui, onde bandidos tem mais direitos do que cidadãos de bem.

— É melhor mesmo. Infelizmente não podemos confiar no nosso sistema.

— Raul, pegue aquele aparelho que está no armário e habilite para o delegado, por favor. – falou Jorge. – Doutor, daqui para frente nosso contato será através do aparelho que o Raul vai lhe entregar. Ele é muito parecido com um celular comum, porém, quase impossível de ser grampeado. A comunicação é através de um satélite exclusivo da polícia internacional, mas mantenha o celular do senhor em uso. Normalmente, este aqui é somente para o nosso contato.

— Ok. Obrigado, Jorge, deixarei sempre guardado comigo. Agora eu posso pedir para me manterem informado (risos).

— Fique tranquilo, dentro das possibilidades manteremos o senhor informado e mais uma vez, obrigado por toda cooperação.

— Que nada, Jorge, eu que agradeço a você e toda sua equipe o trabalho que vem realizando, afinal, todos aqui da fazenda são minha família.

Dr. Peixoto se despediu de todos e retornou ao casarão para aguardar o jantar, enquanto Sueli saiu para levar Jorge ao aeroporto, onde havia uma aeronave particular o aguardando para decolarem.

Pouco antes do jantar, Dr. André se reuniu com Dr. Peixoto na varanda, onde saboreavam uísque e conversavam sobre o cotidiano e relembravam coisas do passado. João Alberto chegou e ficou ouvindo as estórias contadas, permanecendo em silêncio e aguardando ansiosamente a chegada de Lana.

A jovem chegou à varanda, saudou a todos, inclusive João Alberto com um singelo boa noite. A troca de olhares entre os jovens era constante. Na verdade, João Alberto gostaria de estar abraçado com ela, mas sentia que ainda não era o momento de revelar a todos o que estava sentindo. Da mesma forma que João Alberto, Lana também permaneceu em silêncio, somente ouvindo as estórias narradas pelos doutores.

Mercedes foi até a varanda para informar que o jantar estava servido e todos se dirigiram imediatamente para a sala de jantar, onde permaneceram por mais um longo tempo. Após o jantar, Dr. Peixoto foi embora.

CAPÍTULO 26

Dia de pescaria

Vicente percorria as ruas do Cairo diariamente, na intenção de encontrar Luiz. Não perdeu tempo em procurar nos hotéis, pois sabia que Luiz não havia se registrado com o verdadeiro nome e, certamente, já havia agradado a todos para que negassem tê-lo visto.

No entanto, Luiz não poderia subornar a todos, razão pela qual Vicente resolveu perguntar em restaurantes, boates e casas noturnas.

No início daquela noite, Vicente se dirigiu a uma boate, que era frequentada por traficantes de drogas, drogados, prostitutas de alto luxo e pessoas com ótima situação financeira. Entrou, dirigiu-se a uma mesa e, ao ser atendido por uma das "garçonetes" pediu uma garrafa de uísque e água.

— Boa noite, bonitão, posso lhe fazer companhia? – Questionou uma jovem, aparentando seus 20 anos, não mais do que isso, pele morena, cabelos pretos lisos até a cintura, olhos negros e um belo corpo, o que era facilmente notado diante das minúsculas peças de roupa que trajava.

— Pode sim, gostaria de me acompanhar no uísque? – Perguntou Vicente.

— No uísque e em tudo mais que você desejar. – respondeu a moça, sorridente, sentando-se ao lado de Vicente.

Vicente pediu para trazerem mais um copo, sendo prontamente atendido. A jovem iniciou a conversa, claramente no afã de que Vicente relaxasse e a chamasse para um programa.

— Então, bonitão, eu sou a Camilly e qual o seu nome?

— Prefiro que continue a me chamar de bonitão. – respondeu Vicente, sorrindo.

— Claro, como quiser. Tenho a impressão de conhecê-lo de algum lugar. De onde você é?

— Sou do mundo, não tenho parada certa, hoje estou aqui e amanhã posso não estar. – respondeu Vicente, novamente, sorrindo.

— Nossa, que homem misterioso, adoro homens assim. Mas tenho quase certeza de que te conheço, só não lembro de onde. Tenho uma memória fotográfica e dificilmente esqueço um rosto. – falou a jovem.

— Eu já tenho dificuldades para guardar nomes e fisionomias, assim, acho que você pode me ajudar, eu tenho um conhecido que marcou de me encontrar aqui no Cairo, no aeroporto, mas meu voo atrasou e nos desencontramos. Eu sei que, quando ele está nesta cidade, costuma vir aqui, então resolvi fazer uma surpresa a ele.

— Sério, e quem é este seu amigo? Se for tão bonitão quanto você, poderemos fazer um programa a três ou se quiserem eu chamo uma menina para nos acompanhar, o que acha?

— Eu acho ótimo, mas para isso preciso que você confirme se é este mesmo o lugar ou não, dê uma olhada nesta foto.

A moça olhou a foto.

— Claro que eu conheço. Realmente ele costuma vir aqui.

— Isto mesmo, e ele vem aqui somente para beber ou também sai com vocês?

— Na verdade, já me sentei à mesa com ele umas duas vezes, mas ele sempre pede para chamar a Danúbia.

— Entendi. Mesmo sem conhecer a Danúbia, tenho certeza que ela não é mais atraente que você. – falou Vicente.

— Obrigada. Então, bonitão misterioso, o que você acha de sairmos daqui?

— Daqui a pouco, não tenha pressa. Mas como lhe falei, quero fazer uma surpresa para o meu amigo. Que tal você chamar a Danúbia aqui, assim, poderemos ir nós três visitar o meu amigo. O que você acha, não será uma ótima surpresa para ele?

— Boa ideia, vou ver se ela está disponível. Espere um pouco, não vai fugir, hein?

A moça deixou a mesa e entrou por uma porta próxima aos banheiros. Vicente ficou aguardando, pediu mais gelo para o seu uísque, o qual ele sequer havia saboreado. A moça voltou com outra jovem belíssima, olhos cor de amêndoa, cabelos castanhos claros e encaracolados, um corpo exuberante e um sorriso marcante.

— Aqui está, bonitão, esta é a Danúbia.

— Olá, Danúbia. Sente-se, por favor. Pretendo fazer uma surpresa para o meu amigo e pelo que a Camilly me falou, quando o meu amigo está por aqui ele costuma sair contigo. Então, presumo que você saiba onde ele costuma se hospedar. É que nós marcamos no aeroporto, mas meu voo atrasou muito e acabamos nos perdendo e não consigo falar com ele pelo celular, deve estar com algum problema.

— Pode ser, quem é o seu amigo? – perguntou Danúbia.

Vicente mostrou a foto de Luiz à jovem, que deixou transparecer não ter gostado do que viu. – É, conheço sim, mas não estou afim de nenhum programa com ele. – falou Danúbia.

— Calma, eu sei que ele, às vezes, não é o que podemos chamar de cavalheiro, mas pode ter certeza que na minha presença ele se comportará muito bem. Mas para que não haja nenhum problema, me passe onde ele costuma se hospedar e vou lá falar com ele. Se ele estiver bem, venho buscar vocês, o que acham?

— Não sei não, acho que você está nos enrolando. – Falou Camilly.

— Por que eu faria isso? Façamos o seguinte, se ele estiver legal, venho buscar as duas para passarmos a noite inteira no quarto dele. Se ele não estiver, iremos para o meu quarto, o que acham?

— A noite toda? Isto não vai sair barato, bonitão. – falou Camilly.

— Este não será o problema. – respondeu Vicente e tirou duas notas de cem dólares do bolso, entregando uma nota para cada. – Isto é somente para pagar o tempo que estão aqui comigo. Agora só preciso saber em que hotel o meu amigo costuma se hospedar.

As moças pegaram o dinheiro e se entreolharam. Camilly acenou positivamente com a cabeça para Danúbia, que passou o hotel e o quarto em que Luiz costumava se hospedar.

— Obrigado. Este hotel não fica longe, daqui a pouco estarei de volta. Se ele aparecer por aqui, por favor, não comentem nada que estive aqui a procura dele, quero fazer uma surpresa. Fazem muitos anos que não nos encontramos e se vocês falarem vão estragar tudo, certo? Vou deixar meu telefone de contato, caso ele apareça, me avisem, que aí sim poderei fazer a surpresa.

— Pode deixar, bonitão, você, certamente, comprou nosso silêncio (risos). Mas volte aqui, você está me devendo uma noite, hein? – falou Camilly e as duas deixaram a mesa.

Ele se levantou em seguida, deixou outra nota de cem dólares na mesa e saiu. Pegou o carro que havia alugado no aeroporto e se dirigiu para a frente do hotel indicado por Danúbia.

Estacionou em frente ao hotel, do outro lado da rua, a qual era muito movimentada, uma vez que o hotel recebia muitos hóspedes, entre eles banqueiros, empresários dos mais diversos ramos, artistas, entre outros.

Vicente ficou no carro, observando o movimento e, principalmente, se Luiz iria entrar ou sair. O tempo foi passando de forma acelerada e nada de Luiz aparecer, o que começou a deixa-lo impaciente. Será que Danúbia falou a verdade? Ah, mas se ela me enganou voltarei lá e acertarei com ela. – pensou.

Vicente observou, em uma rua estreita ao lado do hotel, um rapaz de baixa estatura, trajando uniforme, abrir uma porta lateral do hotel, de onde começou levar para fora alguns sacos pretos, provavelmente era o lixo daquele dia. Não teve dúvidas, saiu do carro e se dirigiu para o local. Quando o rapaz abriu a porta novamente para deixar mais sacos, Vicente o puxou pela gola da camisa, apertou-o contra a parede.

— Preciso de algumas informações. Você tem duas alternativas: me falar o que quero ouvir ou ser encontrado com a cabeça estourada junto com estes sacos de lixo. O que vai ser? – perguntou Vicente com a voz bem autoritária.

— Calma, o que quer saber? – respondeu o rapaz, totalmente assustado.

Vicente pegou a foto de Luiz e mostrou ao rapaz. – Em que quarto este cara está hospedado?

— Eu não sei, senhor. – respondeu o rapaz, tremendo.

— Resposta errada. – falou Vicente, colocando a arma na cabeça do rapaz. Engatilhou a pistola.

— Calma, calma, está bem, ele está no quarto 43.

— Está sozinho?

— Ele chegou sozinho e não vi mais ninguém entrar lá.

— Ele está no quarto agora?

— Acho que sim. Ele somente sai próximo a hora do almoço e volta no final da tarde e não sai mais.

— Escute aqui, se você estiver mentindo para mim ou falar com alguém desta nossa conversa, não haverá buraco que irá escondê-lo, entendeu?

— Sim, senhor.

— Agora vai, haja naturalmente e não abra sua boca.

Vicente soltou o rapaz que voltou pela mesma porta de onde havia saído. O agente deu a volta e entrou pela entrada principal do hotel. Disfarçou e subiu pelas escadas até o quarto andar, onde estava o quarto 43. Entrou pelo corredor em total silêncio. Não se ouvia sequer os passos dele. Parou em frente à porta do quarto indicado e permaneceu em silêncio.

Tirou de sua jaqueta um cartão, inserindo o mesmo na fechadura eletrônica. Poucos segundos depois ouviu um clique, a porta estava aberta. Pegou a sua arma, abriu a porta com todo cuidado. Estava tudo escuro. Provavelmente Luiz não estava ali. Acendeu uma lanterna que também tirou da Jaqueta, fechou a porta do quarto, passou a iluminar cada parte do ambiente, quando viu que havia uma pequena luz vermelha em seu peito, depois viu um homem sentado em uma poltrona, com uma arma apontada para ele. Percebeu que a luz vermelha era uma mira laser.

— Solte sua arma lentamente e coloque as mãos na nuca, se não quiser ir dizer oi para o diabo pessoalmente. – falou o homem que estava sentado com a arma apontada para Vicente.

Não poderia pensar muito, Vicente fez o que lhe foi ordenado. O homem acendeu a luz do abajur que estava ao lado da poltrona. Vicente o reconheceu, era Luiz.

— O que você quer, seu verme? – perguntou Luiz a Vicente.

— Eu vim atrás de você, Luiz.

— Entre na fila. Quem é você?

— Podemos falar aqui? – perguntou Vicente.

— Por que precisa saber? Você não vai sair daqui vivo mesmo.

— Podemos falar aqui em segurança? – reiterou Vicente.

— Seu verme, pode se abrir, aqui está tudo limpo. – respondeu Luiz.

— Meu nome é Vicente, sou agente da polícia internacional, não estou aqui para matá-lo.

— Como posso ter certeza que você fala a verdade?

— Vou pegar o celular do meu bolso. Você sabe para onde ligar para confirmar, faça. – Vicente tirou o celular do bolso e jogou em direção a Luiz, que o pegou e, com a arma apontada para o peito de Vicente, efetivou uma ligação. Ouve um atendimento que confirmou a versão de Vicente. Luiz abaixou a arma. Vicente acendeu a luz.

— Luiz, você precisa ir comigo, sua família está em grande perigo. – falou Vicente.

— Não posso voltar agora, meu retorno neste momento somente aumentaria o risco. Preciso terminar o que estou fazendo, para a segurança de todos. – respondeu Luiz.

Vicente e Luiz permaneceram conversando por um tempo.

Jorge foi ao encontro de seu pessoal para a captura dos elementos que foram identificados pelo sistema implantado por Vicente no aeroporto. Pouco depois de sua chegada, finalmente, conseguiram prender os dois bandidos internacionais que estavam foragidos por uma enormidade de crimes praticados em diversos países.

Os dois foram presos enquanto dormiam em seus quartos, acompanhados por diversas mulheres, muita bebida e drogas de várias espécies. Sequer tiveram tempo ou condições de reação. Quando perceberam, Jorge e sua equipe já estavam com eles sob a mira.

— Cretinos! Acreditavam que eu não os encontraria? Logo aqui? Idiotas. Coloquem as algemas nestes vermes e conduzam-nos as viaturas, vamos leva-los embora daqui. – falou Jorge.

Os dois foram conduzidos, encapuzados, aos veículos que se encontravam estacionados nos fundos do hotel e levados para um galpão fora da cidade, em uma área rural, local que não mantinha qualquer atividade a muito tempo e estava à venda.

No caminho, Jorge conectou os aparelhos celulares dos dois indivíduos a um equipamento. Entrou em contato com Raul. – Raul, estou enviando o backup dos celulares dos vermes.

Ao chegarem no galpão, Jorge dependurou os dois indivíduos ainda encapuzados, com a cabeça para baixo, separados um do outro mais ou menos uns 15 metros. Tirou o capuz de Call, o qual ameaçou: — Cretino, você não sabe com quem está lidando, nós vamos matar toda sua família e amigos, faremos você assistir a morte de todos, de forma lenta e dolorosa e depois cuidaremos de você.

Jorge olhou fixamente para Call enquanto ele ameaçava. Quando Call terminou, Jorge desferiu um soco em sua boca e o sangue jorrou, dentes caíram. – Continue falando, seu verme, logo não terá mais dentes em sua boca. Se você pensa que estamos aqui para prendê-los, está enganado. Vocês não sairão com vida daqui, mas antes vou judiar muito de vocês. – falou Jorge, desferindo outro soco, desta vez no estômago de Call, que uivou.

— Amordacem os dois e voltem o capuz. – determinou Jorge à sua equipe, que obedeceu prontamente.

Jorge não quis, naquele momento, tocar em Smith, que era o mais fraco fisicamente, mas muito mais inteligente que Call. Acreditando que se Smith ouvisse os gritos de Call, tentaria persuadir Jorge a não o machucar, revelando tudo que lhe fosse perguntado.

Deixaram os dois dependurados de cabeça para baixo por mais de uma hora, o sangue do corpo desceu para a cabeça. Dois agentes da equipe de Jorge, voltaram ao galpão, bateram um pouco mais em Call, em locais que causavam muita dor sem deixar marcas, o grandalhão gritava.

Smith, ouvia tudo que ocorria, permanecia calado, com medo de que cansassem de Call e viessem para cima dele.

Jorge encostou próximo a orelha de Call e cochichou: — Agora a dor vai aumentar. Cansamos de bater em você, vamos injetar uma droga em seu organismo que lhe trará muita dor até a morte. – mostrou uma seringa com um líquido verde.

Call entrou em desespero e começou a gritar: — Não, parem, eu falo tudo que vocês quiserem saber, não façam isso. – Jorge sabia que Call era somente músculos e não teria muito a contar. Então injetou a droga no pescoço de Call que adormeceu imediatamente, pois se tratava somente de um forte analgésico.

Com o intuito de amedrontar ainda mais Smith, assim que Call apagou, Jorge soltou uma gargalhada estridente, depois falou: — Com tudo isto de músculo não aguentou sequer uma injeção. Levem este verme daqui e sumam com o que sobrou dele. Agora vamos para este outro que acreditava que havíamos esquecido dele.

Smith se arrepiou e começou a gritar, desesperadamente:

— Quem são vocês, o que querem comigo? Eu não sei de nada, por favor, me soltem.

— Que covarde, nem começamos a brincar e ele já está implorando.... – falou Jorge com tom sarcástico.

Um dos agentes, percebendo a intenção de Jorge, falou: — Chefe, estou com pena dele. Que tal dar uma oportunidade para ele abrir o bico? Se ele responder errado ou não responder, faremos com ele pior do que fizemos com o outro.

— Eu não acredito que este covarde tenha algo de interessante para nos contar, mas tudo bem, não precisamos ter pressa mesmo. – respondeu Jorge.

Se aproximando de Smith, Jorge falou, novamente, com tom sarcástico: — Você pediu para te soltar, bom, isso vai depender de você. Meus meninos estão com sede de sangue, e pelo que vejo, o único disponível neste lugar, agora, é o seu. Por mim, começava arrancando seus dedos das mãos, um por um. Depois iria para os pés, e aí iria subindo. Mas como sou um homem generoso, vou lhe dar uma oportunidade. Responda as minhas perguntas e até poderemos te deixar, vivo, em algum lugar. Entendeu?

— Sim, senhor. Mas eu não sei de nada. – respondeu Smith.

Jorge pegou uma tesoura de jardineiro e encostou aberta em um dos dedos de Smith, o qual, ao sentir, começou a gritar: — Tudo bem, tudo bem, o que vocês querem saber?

— Onde está o Sr. McGregor?

— Em Londres. – respondeu Smith.

— Pode cortar o primeiro dedo. – falou Jorge.

— Nãaaaoooo, ele está aqui, aqui.... – respondeu Smith.

— Pelo visto você quer sofrer, não é, seu verme? Onde?

— Aqui mesmo, no hotel Gran Marquise.

Jorge acenou com a cabeça indicando para que o agente avisasse o pessoal de campo para ir investigar.

— Você conseguiu mais algum tempo de vida. Se a sua informação não for verdadeira, vai se juntar ao seu parceiro, entendeu?

— É a verdade, é a verdade (Smith começou a chorar).

Algum tempo depois, Jorge recebe a confirmação, o Sr. McGregor estava, realmente, hospedado no hotel indicado por Smith, e não estava sozinho. Havia com ele uma moça com cabelos pretos até a cintura, 1,75 metros de altura aproximadamente, olhos azuis e pele branca e, com certeza, alguns seguranças. Jorge determinou que não os perdessem e aguardassem a sua chegada.

Um dos agentes injetou em Smith o mesmo anestésico aplicado em Call, colocando-o deitado ao lado de seu comparsa. Três homens ficaram vigiando, mas aqueles dois não acordariam em menos de 12 horas.

Antes de sair, Jorge entrou em contato com Vicente.

— Olá, Vicente, você está com ele?

— Sim, chefe, está aqui comigo, mas se recusa a me acompanhar.

— Deixa eu falar com ele.

Vicente passou o celular para Luiz.

— Olá, Luiz. Jorge, operações especiais.

— Olá, Jorge. Já ouvi falar de você. O que você quer?

— Estamos com dois peixes enormes aqui. Tenho certeza que você vai querer compartilhar do assado que faremos com eles. Porém, temos mais outros dois para pescar e, entre eles, uma carpa bem lisa, tão linda que dá até dó de cortar.

— Você está de brincadeira? Estes peixes eram meus, quando vocês os pegaram?

— Dois foram hoje pela manhã, dois bagres. Agora os outros dois já estão beliscando o anzol, inclusive a carpa, mas posso tirar o anzol da água até você chegar, o que acha?

Luiz ficou pensando por alguns segundos.

— Tem tubarão aí? – perguntou Luiz.

— Sim, pegamos o primeiro tubarão. Quem sabe através dele possamos chegar ao cardume.

— Então estou indo, me aguardem, por favor.

Luiz jogou o telefone para Vicente ao se levantar para juntar seus pertences em uma mochila.

— Chefe, chegaremos o mais rápido possível.

— Vou falar para o Raul providenciar uma aeronave para vocês. – falou Jorge a Vicente, e desligou o telefone.

Depois de uma viagem longa, mas não tanto quanto em voos comerciais, Vicente e Luiz chegaram em Maceió, sendo que um dos agentes de Jorge os aguardava no aeroporto, dirigindo-se diretamente para onde Jorge havia montado o centro de comando.

— Olá, Jorge, cumprimentou Luiz.

— Olá, Luiz, como foi a viagem?

— Muito cansativa. Espero que não me arrependa de ter vindo para cá neste momento.

— Não se arrependerá, Luiz, te garanto.

— Você tem certeza que eles estão naquele hotel? Aquele velho, canalha, é mais liso do que bagre ensaboado.

— Sim. Já introduzimos um pessoal disfarçado lá. Estão acompanhando todos os passos deles lá dentro e tem outro pessoal pronto, no caso deles saírem.

— Quem está com ele?

— É melhor que você mesmo veja, Luiz.

CAPÍTULO 27

Paula realiza seu primeiro desejo

João Alberto foi até a cidade para resolver assuntos ligados à fazenda. O tempo passou muito rápido e quando percebeu já estava na hora do almoço. Resolveu se alimentar por lá mesmo, então foi até o Restaurante do Chicão.

— Bom dia, Chicão. – cumprimentou João Alberto.

— Nossa, o bom filho à casa torna. Quanto tempo que não lhe vejo, João. Está tudo bem contigo? Com seu pai? O pessoal da fazenda? – questionou Chicão.

— Graças ao bom Deus está tudo ótimo, um tanto quanto corrido. Estamos entrando em época de safra, daí você pode imaginar.

Quando Paula ouviu a voz de João Alberto, um frio lhe subiu a espinha. Largou o que estava fazendo no escritório e foi ao restaurante.

— Olá, João, é bom revê-lo. Como você está? – questionou Paula.

— Oi, Paulinha, estou bem, e você?

— Melhor agora, João. Veio para almoçar ou só bater papo? Continuou a jovem.

— Estou morrendo de fome (risos).

— Então vem comigo, vou arrumar uma mesa e, se você permitir, vou almoçar contigo, afinal, também estou faminta.

— Como assim, almoçar agora, Paula? – questionou Chicão, e continuou – Bem na hora do almoço dos clientes você quer se sentar para almoçar? Nada disso, mocinha, eu já iria te chamar para ajudar aqui na frente. Me desculpe, João, tem horas que ela perde a noção.

— Mas pai, o movimento ainda está tranquilo, nem todos levantam tão cedo quanto o João, ainda mais aqui na cidade. Quando o movimento aumentar eu já terei almoçado e poderei atender a todos tranquilamente. Enquanto isso, vocês dão conta do atendimento (risos).

— Pare de conversa fiada, você nem sabe se o João está querendo companhia. Deixe o rapaz almoçar em paz.

— Que nada, Chicão, se não for atrapalhar o atendimento, ficarei muito feliz de ter a companhia da Paulinha, e se fosse possível, a sua também. Mas sei que daqui a pouco o povo começara a chegar para o almoço, então, terei que me contentar com a companhia de um dos dois somente. Isso se você permitir (risos). - falou João Alberto.

— Está bem, mas seja breve e não fique perdendo tempo com conversê, viu, Paula?

João Alberto e Paula fizeram seus pedidos.

— Então, João, não te vejo desde o enterro do Carlos. Você está bem?

— Sim. Agora estou bem melhor.

— E como estão as coisas na fazenda? Aquela moça, Lana, ainda está trabalhando lá?

— Está tudo bem por lá e a Lana continua, é uma excelente profissional, meu pai está muito feliz com ela.

— João, eu sei que não é da minha conta, mas posso te fazer uma pergunta pessoal?

— Claro, Paulinha, faça.

— Vocês estão namorando ou tendo um caso? (Paula sempre foi muito direta, o que não seria diferente agora – pensou João).

— Na verdade, Paulinha, tivemos alguns momentos, mas, ao menos por enquanto, não temos nada a sério. Mas por que me pergunta?

— Me perdoe, João, como eu disse, não tenho nada com isso, mas algo me diz que ela não é uma pessoa confiável. Fico preocupada que ela possa lhe fazer algo de ruim, não sei porque, mas é o que sinto.

— Deve ser coisa de sua cabeça, Paulinha, a Lana me parece uma boa pessoa. Misteriosa sim, mas, uma boa pessoa. De qualquer forma, ficarei atento, se isso for te deixar mais tranquila. Conheço a fama que sua boca tem e não pretendo desprezar nada que diz. (Na cidade, todos que conhecem Paula falam que tudo que ela diz, mais cedo ou mais tarde, acaba acontecendo).

Enquanto conversavam, Lana entrou no restaurante.

— Olá, moça, que bom revê-la. Já faz muito tempo que você não aparece por aqui. – cumprimentou Chicão, com um sorriso único.

— Olá, Sr. Chicão, realmente já fazia algum tempo.

— Por favor, senhor não, só Chicão. O João está sentado ali com a Paula. Você veio almoçar? Vou pedir para colocarem mais um prato lá, para você.

— Está bem, Chicão, vou até lá, obrigada.

Quando Lana se aproximou da mesa, Paula não conseguiu disfarçar a sua insatisfação e fechou a cara automaticamente.

— Bom dia! – cumprimento Lana. – João Alberto, ao ouvir a voz de Lana, virou-se imediatamente, não reparando que Paula mudou seu semblante. Paula não respondeu ao cumprimento de Lana.

— Bom dia, Lana, que surpresa agradável, junte-se a nós. – falou João Alberto, puxando uma cadeira ao seu lado para que Lana se sentasse.

Neste momento, Paula se levantou.

— Onde vai, Paulinha?

— Me desculpem, o movimento está aumentando e preciso ajudar o meu pai. Fiquem à vontade. – respondeu Paula, e continuou – João, não se esqueça do que conversamos. Fiquem à vontade, com licença.

— Sobre o que vocês conversavam? – questionou Lana.

— Nada de mais, um pouco sobre tudo. Mas que surpresa é esta?

Lana percebeu que havia algo a mais, porém, não convinha insistir.

— Falei com seu pai que precisa comprar alguns medicamentos para os animais, inclusive as aves e ele pediu para o Jeremias me trazer.

— Que ótimo, boa ideia do meu pai. Mas cadê o Jeremias, ele não vem almoçar?

— Ele me deixou aqui e voltou para a fazenda. Não queria perder o almoço da Mercedes. Parece que hoje ela iria fazer o prato preferido dele.

— Já sei, tutu de feijão, costelinha bovina e angu. O Jeremias não perde isso por nada (risos). Então você volta comigo.

Lana aproveitou que um dos garçons estava perto e fez o seu pedido.

— Paula, acorda para a vida menina. Vai ajudar a atender as mesas e para de ficar olhando para a Lana. Qualquer hora o João vai perceber e pode ficar chateado com você. – falou Chicão.

— E quem está olhando para aquela mulher? – respondeu Paula, saindo de trás do balcão e indo em direção às mesas, com seu talão de pedidos em mãos.

João Alberto e Lana permaneceram por pouco mais de uma hora no restaurante, sob os olhares de Paula. Ao saírem, foram buscar os medicamentos que Lana havia solicitado. Depois resolveram dar uma parada na sorveteria, afinal, estes momentos eram raros e nenhum dos dois estava com pressa em voltar para a fazenda.

Quando se deram conta, já era quase final de tarde. – Nossa, João, como o tempo passa rápido quando estou com você. Se isso continuar, vou me afastar, não quero envelhecer tão rápido assim (risos).

— É que minha companhia é muito boa (João Alberto riu), mas deixando de brincadeira, preciso voltar para a fazenda. Ainda tenho algumas coisas para resolver antes que escureça. – falou João Alberto.

— Então vamos, também quero ver se consigo ministrar alguns medicamentos ainda hoje, principalmente para as aves. – respondeu Lana.

Pouco tempo depois eles chegaram à fazenda. Lana foi direto preparar a medicação para as aves. João Alberto foi para o centro de monitoramento, onde permaneceu por alguns minutos conversando com Raul e Sueli.

Pouco antes do jantar, como de costume, Dr. André estava na varanda, saboreando seu uísque, pensando em tudo que estava acontecendo e o que poderia vir a acontecer, preocupado com Luiz e com João Alberto.

— Boa noite, papai! – cumprimentou João Alberto, trazendo seu pai novamente ao mundo terreno.

— Boa noite, meu filho!

— Papai, estava para perguntar, alguma notícia de Luiz? Faz muito tempo que não falo com ele.

— Infelizmente não, João. Bem que eu tentei ligar no celular dele, mas deve estar com problema, pois consta que aquele número não existe. Mas acredito que esteja tudo bem, afinal, notícia ruim chega logo, não é?

— Espero que tenha razão, papai, também acredito que ele esteja bem, só deve ter mudado o número e ainda não nos passou. Depois vou ver se ele está online pelo Skype.

— Você esteve com a Lana hoje?

— Sim, ela foi até a cidade para buscar medicação para os animais e acabou almoçando comigo lá no Chicão. Quando voltamos ela foi direto preparar a medicação e não há vi mais.

— E como está o meu velho amigo Chicão?

— Pelo que percebi está bem, perguntou do senhor. Por falar nisso, está uma noite muito quente, o que o senhor acha de irmos lá hoje após o jantar? Faz muito tempo que não vamos lá juntos, tenho certeza que o Chicão iria adorar.

— Você tem razão, meu filho, já faz muito tempo que não saímos juntos. O único problema é que, provavelmente, hoje o Chicão feche cedo.

— Não por isso, papai, que tal irmos para lá agora? Tenho certeza que ainda está aberto. – asseverou João Alberto.

— Sei não, meu filho, a Mercedes vai ficar brava, ela já aprontou a janta (risos).

— Eu falo com ela, não se preocupe. Pode ir indo para o carro que já vou em seguida.

— Tá bom, nós vamos, mas não ficaremos muito tempo por lá, amanhã tenho muito que fazer e você sabe como o Chicão é, quando pega na conversa não para, ainda mais se tiver acompanhado com cerveja e cachaça (risos).

— Tudo bem, papai, como se fosse só o Chicão que fizesse isso. Mas prometo que não deixarei vocês falarem e beberem demais (risos).

Dr. André desceu as escadas e foi em direção ao carro. João Alberto foi falar com Mercedes, que, como previa Dr. André, não gostou muito da notícia. – Mas menino, a janta já está pronta, vocês não podem ir depois, de barriga cheia? Ao menos irá ajudar a não ficarem de fogo na bebedeira. – expressou Mercedes.

— Meu pai está precisando de um pouco de distração. Nos últimos dias ele tem ficado muito tempo aqui na varanda e você sabe no que ele fica pensando, né? Ir prosear com o Chicão vai lhe fazer bem e estarei por lá para não deixá-lo ir além da conta, prometo.

— Sei não, João, mas se você acha que será bom para o seu pai, vão com Deus, cuidado na estrada e cuida dele, hein!!!

— Pode deixar, Mercedes, trarei meu pai inteiro, talvez meio cambaleando, mas inteiro (risos).

João Alberto entrou no carro e se encaminharam para a cidade. Dr. André, a muito queria conversar em particular com João Alberto e achou aquele momento propício.

— Me diz uma coisa, meu filho, está acontecendo algo entre você e a Lana?

João Alberto ficou corado de imediato com a pergunta de seu pai.

— Por que o senhor está me perguntando isso?

— João, este joguinho não dá certo, responder uma pergunta com outra pergunta não cola comigo. Se você não quiser falar sobre o assunto, ficarei triste, mas não perguntarei mais.

— Olha, papai, nós tivemos alguns lances, mas nada de sério.

— Como assim "alguns lances"?

— Ficamos algumas vezes, mas sem compromisso.

— Entendo. O que você está sentindo por ela? Por favor, meu filho, seja sincero com seu velho pai.

— Sinceramente, ainda não sei, papai. Eu gosto de estar perto dela, senti-la em meus braços, mas ao mesmo tempo, tenho muito receio. Não sei o que é, mas tem horas que ela me causa uma sensação estranha, tipo de medo, sei lá.

— João, a Lana é uma moça muito bonita, educada, alegre e interessante, tem todos os atributos que um homem gosta, por isso não estranho que vocês já tenham tido "alguns lances", mas uma coisa é certa, preste muita atenção neste outro sentimento que você me falou. Muitas vezes alguém lá em cima nos manda avisos. Pode até ser coisa da minha cabeça, mas tome cuidado.

— Como assim, papai, alguém lá em cima nos manda avisos, desde quando o senhor acredita em espíritos? (sorriu).

— Filho, vou te revelar uma coisa, eu jamais falei sobre isso com ninguém, mas eu acredito sim, não só em espíritos como em muito mais coisas e é essa crença que me deu forças após a morte de sua mãe. Ela também acreditava e foi com ela que aprendi a acreditar.

— Nossa, por que o senhor nunca me falou nada?

— Talvez porque eu sempre deixei que você e o seu irmão fizessem as próprias escolhas. Se eu falasse para você, provavelmente, você iria querer saber mais, não por vontade própria, mas em memória de sua mãe.

— E qual seria o problema nisso? O senhor mesmo acabou de falar que foi através da mamãe que o senhor aprendeu.

— Verdade, foi através dela que passei a conhecer sobre a espiritualidade. Gostei muito do que aprendi com sua mãe e passei a estudar com mais afinco a cada dia, e estudo até os dias de hoje e pretendo estudar até que não me seja mais permitido.

— Estou admirado, o senhor nunca deu qualquer sinal de que se interessava por alguma religião.

— E não me interesso, meu filho, religião é coisa criada pelos homens, e em sua grande maioria, estão deturpadas, corrompidas. O estudo da espiritualidade está além de práticas religiosas ou doutrinárias. Não me apego a uma única corrente ou a determinados doutrinadores, busco o conhecimento e com isso tenho as minhas próprias conclusões.

— Chegamos, mas quero voltar a ter esta conversa com o senhor. Com certeza não hoje, mas voltaremos a conversar sobre isso, promete?

— Prometo, meu filho, mas o que conversamos fica entre nós, está certo?

— Se assim o senhor deseja, assim será feito. (risos).

Dr. André e João Alberto entraram no Restaurante do Chicão, o qual ficou muito feliz, como previa João Alberto – Não acredito, surpresa boa, meu amigo André. Como é bom vê-lo, João, por que não avisou que traria seu pai aqui hoje? Teria preparado algo especial.

— Na verdade, meu amigo Chicão, o João teve a ideia pouco antes do jantar e eu gostei. Como você está?

— Melhor agora, meu amigo. Vamos para uma mesa que vou pedir para prepararem alguma coisa para nós, afinal, você acaba de falar que não jantou.

— Então vamos, Chicão, mas já pode levar uma cerveja e aquela "marvada" que eu gosto. (risos)

— Eita, esqueceram de mim? – perguntou João, rindo.

— Que nada João, vamos para a mesa. – respondeu Chicão.

— A Paulinha está por aí Chicão?

— Está sim, João, lá nos fundos, no escritório. Vá lá, depois vocês se juntam a nós para jantar, enquanto isso os velhos aqui vão ficar bebendo e jogando conversa fora. (Chicão e Dr. André riram).

— Então vou até lá. Mas Chicão, eu prometi para a Mercedes que iria ficar de olho no meu pai, vê se não vai arrumar confusão para mim... (risos).

— Vou me esforçar, mas não prometo. – respondeu Chicão, e, novamente, os "velhos" caíram na risada.

João Alberto foi para o escritório encontrar Paulinha. A noite estava muito quente e o escritório mais quente ainda, pois a ventilação era pouca e não tinha ar condicionado. Apesar dos inúmeros pedidos de Paula, Chicão jamais mandou instalar.

Ao entrar no escritório, João Alberto viu Paula sentada analisando os livros contábeis. Estava com uma camiseta regata, bem justa, e os cabelos presos. Sem perceber a chegada de João Alberto, Paula se levantou e virou-se para o arquivo que ficava atrás da cadeira onde estava sentada. João Alberto reparou que a jovem estava com uma saia rodada florida, muito curta, o que deixava suas pernas morenas e bem torneadas à mostra.

João Alberto há muito percebeu as indiretas e olhares de Paula, mas jamais alimentou qualquer sentimento da jovem sobre ele, até mesmo porque, Luiz, desde adolescente, sempre comentou com João Alberto sobre seu interesse por ela e sua frustração por jamais ser correspondido. No entanto, o tempo passa para todos, o que não seria diferente para eles. Paula se tornou uma linda mulher e não se envolveu, seriamente, com ninguém.

Ao se virar, novamente, Paula viu João Alberto parado na porta do escritório.

— João, que susto, parece uma assombração. O que está fazendo parado aí?

— Me perdoe, Paulinha, era, exatamente, o que eu queria evitar, te assustar. Você estava tão concentrada em seus afazeres que qualquer barulho que eu fizesse iria te assustar.

— Entra logo, homem e feche esta porta, não quero tomar outro susto. O que está fazendo aqui de novo? Não que eu não tenha gostado de vê-lo novamente, mas estou estranhando, duas vezes no mesmo dia.

— Vim trazer o meu pai. Ele estava precisando se distrair um pouco e nada melhor do que com seus amigos. Deixei-o com seu pai para jogarem conversa fora.

— Que ótimo, João. Terminei a contabilidade, se deixasse isso para o meu pai estaríamos devendo até o restaurante em impostos. Ele ainda está no tempo do caderninho (risos). Vou pegar alguma coisa para bebermos e já volto. Me espere aqui.

Paula saiu e João Alberto se sentou para esperar seu retorno.

A jovem retornou com uma bandeja com uísque. Fechou a porta, tirou dois copos e energéticos dentro do frigobar próximo a mesa do escritório, sentou-se ao lado de João Alberto.

— E como foi seu retorno com a Lana para casa? – questionou Paula.

— Normal, fomos conversando, somente. Eu sei que você não gosta dela e deve ter seus motivos para isso, mas que tal esquecermos dela, ao menos por enquanto? – respondeu João Alberto.

— Está certo, por que estragar este momento?

Paula levantou-se e, disfarçadamente, certificou se a porta estava trancada. Sentou-se ao lado de João Alberto, serviu uísque aos dois, completando com energético.

— Aqui está, João, o energético está gelado.

— Ótimo. – falou João.

Os dois beberam um pouco em silêncio.

Antes que João chegasse, Paula já estava pensando nele. Há quanto tempo sentia aquela paixão sem ser correspondida, até quando iria suportar esta situação? Porém, em todo momento em que se lembra da fisionomia de João, Paula se derretia, ficava com o corpo quente.

Paula colocou seu copo sobre a mesa e aproximou-se de João Alberto, o qual, não esperando a atitude de Paula, ficou sem reação. Ela tirou o copo das mãos de João Alberto, se aproximou e beijou-lhe intensamente, sendo correspondida, o que ela mesma não esperava.

Após o beijo, João Alberto ficou sem saber o que fazer. Como forma de fugir daquela situação, questionou:

— O que houve, Paulinha? E se o Chicão entra?

— Não se preocupe, eu tranquei a porta e eles estão bem entretidos. Você sabe como eles esquecem do mundo quando estão juntos. Mas o que houve, você não gostou?

— Não é isso, só fiquei preocupado. – respondeu João Alberto, totalmente constrangido.

— Então se não é isso, é porque você gostou, então, tenho direito a mais. – falou Paula e beijou João Alberto, novamente.

Em meio ao beijo, os dois começaram a sentir um calor invadir o corpo. Paula começou a acariciar João Alberto e este, quando percebeu, estava respondendo às carícias de Paula. Começaram a se apertar ainda mais... Não havendo como resistirem, se entregaram completamente.

Paula estava nas nuvens, sempre sonhava com este momento. Está certo que seu sonho não era no escritório, mas estava tudo bem, o importante para ela é que estava acontecendo, até melhor do que já pôde imaginar. João Alberto se entregou por inteiro, abraçava e beijava como se ela fosse seu verdadeiro amor. Paula não aguentou de tanta alegria e prazer.

Os dois, exaustos, relaxaram deitados sobre o tapete do escritório, sem nada falarem. João Alberto a beijou novamente e levantou-se sem nada dizer. Acreditava que já teria se passado um bom tempo desde que deixou seu pai e Chicão conversando e a qualquer momento, um dos dois ou até mesmo os dois poderiam bater à porta e seria muito constrangedor. O mesmo pensamento teve Paula, que se levantou em seguida.

Os dois vestiram suas roupas, tomaram o restante do uísque que repousava no copo e Paula, quebrando o silêncio, falou: — Esse energético vem em boa hora. – João Alberto riu junto com Paula. Os dois saíram e foram ao encontro de seus pais.

Ao chegarem ao restaurante, perceberam que as portas já estavam fechadas e que os seus pais estavam rindo muito, na mesma mesa que João Alberto os deixou e sequer repararam na chegada dos jovens.

— Bom, papai, acho que está na hora de irmos embora. Espero que Mercedes já esteja dormindo, senão ela vai me encher a paciência. – falou João Alberto.

— Verdade, meu filho, nem me dei conta do avançado da hora. Chicão, depois acertamos. Obrigado meu amigo por esta noite. O João tinha razão, eu estava precisando muito disto.

— Meu amigo, você sabe que a casa é sua, sempre que quiser é só chegar. João, obrigado por trazer o meu amigo aqui, você não tem noção do quanto eu estimo esta amizade de anos, desde que éramos crianças.

— Pelo visto a conversa e a bebedeira foi boa. – brincou Paula.

Todos se despediram. Paula, ao abraçar João Alberto, falou em seu ouvido: — Obrigada por esta noite, você realizou o meu maior desejo. Guarde uma coisa em sua mente e em seu coração: eu sempre te amei e continuarei te amando.

João Alberto ficou mudo. Até gostaria de responder, mas nenhuma palavra saiu de sua boca, somente olhou Paula com ternura e beijou seu rosto. Foram embora.

Ao chegarem à fazenda, João Alberto ajudou seu pai a ir para o quarto e deitar-se em sua cama, tirou os sapatos e o cobriu. Entendeu que era melhor deixar o pai descansar. Foi até a cozinha para pegar água gelada para deixar no quarto do Dr. André. Após pegar a água, quando estava saindo da cozinha, João Alberto quase trombou com Lana, que estava entrando.

— Oxi, Lana, quase que eu te atropelo! – expressou João Alberto.

— Percebi. Pelo visto a noitada foi boa, hein! Está levando água gelada para o quarto. – falou Lana, de forma contrariada.

— Para o meu pai. Foi ótima mesmo, esta água é para ele, só quero ver como vai acordar....

— Para o seu pai, sei. – cutucou Lana.

— Sim, ele e o Chicão ficaram conversando e bebendo. Passaram um pouco da conta, mas isso não é novidade em se tratando dos dois.

— E você? Não bebeu?

— Alguém tinha que vir dirigindo, não é? – respondeu João Alberto de forma irônica. – Bom, deixa eu levar esta água e ir dormir, amanhã o dia começa muito cedo. Boa noite, Lana.

João Alberto passou por Lana, que ficou furiosa. Sentiu que alguma coisa diferente aconteceu. Mesmo estando só os dois, João Alberto nem tentou lhe dar um beijo de boa noite.

A jovem foi para o seu quarto toda contrariada. Aquela vadia deve ter feito ou falado alguma coisa para o João. Não vou deixar ninguém me atrapalhar. – pensou Lana.

João Alberto tomou seu banho e foi se deitar, estava exausto. Com a cabeça no travesseiro ficou lembrando tudo que aconteceu naquela noite, o que Paula lhe disse quando se despediam, mas o que mais martelava sua cabeça era a dúvida. Até aquela noite, ele estava certo de seu amor por Lana, mas agora tudo estava bagunçado. Acabou dormindo com esta questão na cabeça. O cansaço foi maior do que a dúvida.

CAPÍTULO 28

A tentativa de resgate

Através de câmeras instaladas no hotel, Jorge, Vicente, Luiz e o restante da equipe acompanhavam todos os passos do Sr. McGregor e de Madeleine.

Luiz acompanhava com maior interesse, principalmente os passos de Madeleine. Tinha muito a esclarecer com ela, e, acabou reparando que, além do Sr. McGregor e Madeleine, havia uma terceira pessoa que acompanhava cada passo dos dois, como se fosse um segurança. No entanto, nenhuma das câmeras conseguia focalizar o rosto do homem.

— Jorge, dê uma olhada, acho que existe outra pessoa que está acompanhando os dois. Me parece um segurança, mas nenhuma das câmeras está conseguindo focar a imagem do rosto dele. – alertou Luiz.

— Você tem razão, mas não me informaram que existia esta terceira pessoa. – Jorge se dirigiu à equipe que estava no local com ele – Alguém pode me informar quem é este cara, o que ele está fazendo e por que não me informaram da existência dele? – questionou um tanto quanto irritado, e continuou – Abram estas imagens para o Raul.

Jorge entrou em contato com Raul. – Raul, está recebendo as imagens?

— Sim, chefe.

— Tem outra mosca, veja se consegue levantar quem é e me avise. Mas faça isso rápido, se este apareceu do nada, podem haver outros. Preciso desta informação.

— Verifiquem se existe mais alguém nos quartos. – determinou Jorge ao pessoal da equipe que estava no hotel.

Imediatamente, duas agentes vestidas de camareiras subiram até os quartos. Estavam com câmera e microfone na roupa. Jorge passou a acompanhar tudo.

Ao chegarem ao quarto de Madeleine, no terceiro andar, tocaram a campainha e ninguém atendeu. Uma das agentes tirou um cartão magnético do bolso do avental e abriu a porta. Não havia ninguém lá, então se dirigiram para o quarto do Sr. McGregor, que ficava no final do corredor à direita. Mas antes de entrarem, foram paradas pouco antes da porta por outro homem que trajava um terno preto, fone de ouvido, de grande estatura e feição de poucos amigos, o qual questionou: — O que vocês querem aqui?

— Me desculpe, senhor. – falou uma das agentes – só estamos fazendo o nosso trabalho. Precisamos trocar as roupas de cama e banho e organizar o quarto.

— Não precisa, quando for necessário nós pediremos. Pode ir agora. – respondeu de forma rude o homem.

Sem discutir, até mesmo para não levantar suspeitas, as duas concordaram e se retiraram do local. Tudo foi acompanhado por Jorge e sua equipe.

— Muito bem, agora sabemos que existem outros. Se o McGregor e a Madeleine não estão no quarto e não deixaram que as agentes entrassem é porque tem mais gente lá dentro ou estão ocultando algo grande. – falou Jorge.

— Chefe, tem algum terno, que sirva em mim, aqui? – perguntou Vicente.

— No que você está pensando, Vicente? – questionou Jorge.

— Vou dar um pulo lá. Acho que posso dar um jeito discreto, no armário que está na porta deles.

— Você, discreto? Falou Jorge, sorrindo.

— Confie, chefe, sei me comportar, quando necessário. – respondeu Vicente, também rindo.

— Arrumem um terno para ele. – determinou Jorge a sua equipe.

— Tive outra ideia, Jorge. – falou Luiz – Que tal eu aparecer por lá e tentar me registrar? Certamente virão atrás de mim. Ao menos vai reduzir o número de vermes lá dentro.

— Luiz, você tem noção do risco, não é? Não sei se você está preparado. – respondeu Jorge.

— Pronto, chefe, posso ir com ele, afinal, não me conhecem e isso vai resolver a questão do terno. – sugeriu Vicente.

— Eu acho melhor, Luiz, o Vicente poderá lhe dar cobertura, mas vocês precisarão se fazer notar e saírem do hotel, para que eles venham atrás. Traga-os aqui próximo e o resto nós cuidamos. – determinou Jorge.

— Fechado, chefe. Vamos lá, Luiz, vamos nos divertir um pouco. – falou Vicente.

Vicente pegou uma garrafa de uísque que estava em sua mochila, molhou a boca e deixou cair um pouco em sua roupa, Luiz fez o mesmo, entendendo a ideia de Vicente. Foram para o hotel.

Ao chegarem, se dirigiram para a recepção, como se estivessem embriagados, sendo atendidos por uma recepcionista que não era agente.

— Boa noite, senhores, posso ajudar?

— Sim. – falou Luiz – queremos um quarto.

— Não, um quarto não, dois quartos, e os melhores que você tiver. – interviu Vicente.

— É, queremos dois quartos com frigobar cheio. – falou Luiz soluçando e meio cambaleante.

— Só um minuto, por favor. – respondeu a recepcionista, que na verdade, era agente, reconhecendo Vicente e participando da trama.

Pouco tempo depois chegou um homem de meia idade, muito educado.

— Posso ajudá-los, senhores? – questionou o homem.

— Ué, cadê a moça que estava nos atendendo? – perguntou Luiz – Por acaso não estamos agradando ou você acha que não podemos pagar? – questionou e quase caiu para trás, sugerindo que estava totalmente embriagado.

— Senhores, por favor, estamos lotados. Peço que se retirem e retornem amanhã. Farei o possível para tentar reservar aposentos à altura dos senhores, mas hoje, como eu disse, infelizmente não temos nada vago. – falou o homem educadamente (que realmente era o gerente do hotel).

Enquanto o homem falava, Vicente reparou que quatro seguranças se aproximaram do balcão. Luiz também, discretamente observou, mas como planejado, tinha que chamar a atenção.

— Com quem você pensa que está falando? Eu e o meu novo amigo queremos dois quartos, os melhores que vocês tiverem, e é para agora e não amanhã. Dê um jeito de arrumar ou chame o gerente. – gritou Luiz, conseguindo chamar a atenção de todos que estavam no local e no hotel, tamanha a gritaria de Luiz.

— Senhor, por favor, não há necessidade de gritar. Eu sou o gerente, e lhe afirmo que não temos quartos vagos. Peço que voltem amanhã, certamente conseguirei os quartos que estão pedindo.

O Sr. McGregor passou com Madeleine pelo saguão. Os dois estavam no restaurante e retornavam para os seus quartos e a gritaria chamou a atenção deles e, ao olharem para o local, viram Luiz discutindo com o funcionário do hotel. O Sr. McGregor imediatamente colocou seu braço nos ombros de Madeleine e começou a empurrá-la para que andasse mais rápido. O homem que os acompanhava se aproximou por trás de Madeleine e encostou o cano de uma arma em suas costas e entraram no elevador rapidamente.

Vicente conseguiu ver toda a cena do Sr. McGregor no saguão, antes que um dos seguranças do hotel se aproximasse. Quando os três entraram no elevador, Vicente puxou Luiz e falou, de forma embriagada, para que ele deixasse pra lá, que era melhor procurar outro hotel e eles saíram vagarosamente, acompanhados pelos seguranças.

Quando entraram no quarto, o Sr. McGregor mandou que levassem Madeleine ao quarto dela e que permanecesse alguém do lado de fora. Depois que Madeleine foi conduzida ao seu quarto, o Sr. McGregor mandou quatro homens de seu pessoal, que estavam em seu quarto, seguirem Luiz e o trazerem vivo.

— E quanto ao amigo dele? – questionou um dos homens.

— Este não me interessa, desapareçam com ele. – determinou o Sr. McGregor.

Ao chegarem na rua, Vicente falou para Luiz: — Beleza, Luiz, o próprio Sr. McGregor nos viu. Vamos andando devagar, daqui a pouco virão os gorilas atrás de nós.

— Como você sabe que o velho nos viu? – questionou Luiz.

— Eu vi quando ele olhava para você.

— A Madeleine estava com ele?

— Sim. Não olhe para trás, mas os gorilas já nos viram. Vamos apertar o passo, mas continue cambaleando. Jorge, está na escuta?

— Sim, Vicente, avance mais três quarteirões e entre a esquerda. Tem uma equipe esperando por vocês lá.

— Entendido. – respondeu Vicente.

No entanto, Vicente percebeu que os gorilas estavam se aproximando rapidamente, então resolveu improvisar. No segundo quarteirão, Vicente puxou Luiz para uma rua à direita. Andaram mais alguns metros e Vicente entrou em outra rua, estreita e deserta e reduziu o passo.

— Continue cambaleando, Luiz, e me dê um soco.

Luiz olhou para Vicente e mesmo sem entender direito, fez o que Vicente determinou e desferiu um soco em seu rosto, sem exagerar na força. Vicente foi ao chão, como se estivesse desmaiado.

Logo em seguida, os gorilas alcançaram Luiz e seguraram em seus braços. – Você vem conosco. – falou um deles.

— Não vou não, — respondeu Luiz – nem te conheço, quem é você?

— Vai sim, o chefe quer falar com você. – respondeu o gorila que passou a segurá-lo com mais força.

Diante desta confusão armada por Luiz, os gorilas se esqueceram de Vicente, largado no chão, o qual, levantou-se rapidamente e já desferiu um golpe em um dos gorilas, levando-o desmaiado ao solo. Em seguida acertou outro. Luiz se soltou e acertou mais um. O que sobrou tentou correr, mas Vicente viu uma pedra no chão, arremessou e acertou na cabeça do indivíduo, que também veio ao solo.

— Jorge, pode mandar vir buscar o lixo. – falou Vicente.

— Não sei porque, mas já esperava por isso. – respondeu Jorge. – Aguarde minha chegada com reforços. Não faça nada por enquanto.

— Não estou escutando direito, deve estar com alguma falha na comunicação. — respondeu Vicente, desligando a escuta.

— Luiz, é o seguinte, o gorila que está acompanhando o verme e a moça colocou a arma nas costas dela enquanto iam para o elevador. Ela deve estar correndo perigo. Aguarde o Jorge chegar e fale isso a ele, eu vou até lá ver o que posso fazer. – falou Vicente.

— Nada disso, Vicente, eu vou com você, e sei que não tenho tanta experiência, mas posso ajudar. Só me diga o que pretende fazer. – respondeu Luiz, tirando uma arma da cintura e verificando se estava carregada.

— Tudo bem, respondeu Vicente, vamos por trás e rápido. Não vai demorar para o velho tentar contato com os gorilas. Entraremos pela cozinha do restaurante, discretamente.

Os dois apressaram o passo e se dirigiram para os fundos do hotel.

— Eu quero as equipes aqui no local em três minutos. O pessoal que está no hotel, fique atento, Vicente está indo e poderá precisar de ajuda. Quero quatro agentes no andar do McGregor, de prontidão ao meu comando. Maldito Vicente, não sabe esperar. – esbravejou Jorge, saindo rapidamente.

Luiz e Vicente entraram na cozinha do restaurante do hotel com muita facilidade. Sequer foram notados pelos funcionários, pois o movimento estava grande e a correria também. Chegaram às escadas que dava acesso aos andares e próximo ao elevador.

— Vamos pela escada, não sabemos, exatamente, onde são os quartos. – falou Vicente.

Subiram as escadas até o terceiro andar, onde encontraram uma agente vestida de camareira.

— O quarto da moça é mais à frente, número 32 e o do senhor, no final deste corredor à direita, número 39. – informou a agente.

— Ok. Quem mais está aqui? – questionou Vicente.

— Temos mais uma agente no quarto 33 e outro agente no quarto 37.

— Onde estão os peixes? – questionou, novamente, Vicente.

— Cada um em seu aquário. Tem gato na frente de cada aquário e, possivelmente, outros peixes dentro também. – respondeu a agente.

— Tudo bem. Distraia o primeiro, estarei logo atrás. – falou Vicente para a agente.

A agente resolveu chamar a atenção do segurança que estava na porta de Madeleine. Diminuiu o comprimento da saia, desabotoou alguns botões da blusa e ajeitou os seios no sutiã para ficarem mais volumosos. Dirigiu-se para a frente do quarto de Madeleine e como esperado, foi barrada pelo segurança.

— Pode parar aí, moça, não pedimos nenhum serviço. – falou o segurança com a voz bem grave e firme.

A agente olhou fixamente nos olhos do segurança, soltou os cabelos que estavam presos a uma rede, balançou-os e, com um sorriso maroto, respondeu:

— Eu sei que não pediram serviço de quarto, mas você está a muito tempo aqui parado, deve estar precisando de uma bebida e uma massagem. – A agente foi se aproximando do segurança, que não tirava os olhos de seus seios. Vagarosamente, a agente encostou seus lábios na orelha do segurança e falou, com a voz bem sexy. – Um pouquinho de diversão não faz mal a ninguém. Que tal sermos rápidos?

O segurança perdeu a compostura e abraçou a agente no afã de beijar-lhe a boca. No entanto, a agente de forma rápida, virou o segurança de costas para a direção de onde Vicente surgiu como um raio, acertando-lhe uma coronhada na nuca, desfalecendo o segurança imediatamente.

Vicente e Luiz seguraram o corpo do segurança para que não viesse de encontro ao solo, assim, não haveria qualquer ruído. Mantiveram o segurança em pé, bateram de forma fraca, três vezes consecutivas, na porta e colocaram o segurança de lado, próximo onde sabiam que seria aberta somente uma fresta da porta.

Quando outro segurança fez, exatamente, o que esperavam e questionou aquele que estava desacordado, o que queria, Vicente estendeu sua mão pela fresta e alcançou a cabeça do segurança, trazendo a mesma de encontro com o batente da porta, com muita força, o que também desfaleceu o segurança.

Entraram no quarto e viram que Madeleine estava amordaçada e amarrada na cama. Luiz foi correndo ao encontro dela, percebendo que estava desacordada. Provavelmente, tinha sido dopada.

— Ela está desacordada, mas está respirando. – falou Luiz com Madeleine em seus braços. – Me ajudem a desamarrá-la e a tirar as mordaças. – pediu.

— Ajudem a desamarrá-la. – determinou Vicente. – Mas deixem a mordaça, não sabemos qual será a reação dela ao acordar. – Luiz, fique com ela, eu vou atrás do McGregor.

— Vou com você. – falou Luiz.

— Não, desta vez você fica, já se arriscou demais até aqui. Agora é comigo. – respondeu Vicente, com um tom de voz que Luiz não se atreveu a contrariar.

Luiz voltou-se para Madeleine e abraçou-a novamente, acariciou seus cabelos, calmamente, tentou despertá-la.

— Luiz, ela está sob efeito de sedativos, não vai despertar tão cedo. – falou uma das agentes.

— Vocês têm adrenalina aí? – perguntou Luiz.

— Posso verificar, só um minuto. – a agente se dirigiu para o quarto em frente onde estavam. Pouco tempo depois retornou com uma seringa com adrenalina. – Me dê licença para aplicar, mas a segure forte. Provavelmente ela vai acordar muito agitada. – orientou a agente.

Luiz abraçou Madeleine com um pouco mais de força enquanto a agente aplicava a adrenalina. Em poucos segundos Madeleine acordou e, como previsto, de forma muito agitada.

— Calma, calma, está tudo bem agora, calma. – Luiz tentou tranquilizá-la.

Madeleine reconheceu Luiz. O abraçou e começou a chorar compulsivamente, sendo totalmente amparada pelos braços e afeto de Luiz. Quando Madeleine se recompôs, indagou:

— Luiz, o que aconteceu? Quem são estas pessoas? O que está fazendo aqui? Eles querem você.

— Calma, Madeleine, agora está tudo bem, você não é mais refém deles. Estas pessoas são agentes policiais, vieram te resgatar e eu somente acompanhei. Fique tranquila, em pouco tempo estará tudo terminado. – esclareceu Luiz.

— Como assim terminado? Vocês já prenderam o Sr. McGregor?

— Acredito que é só uma questão de minutos, agora se acalme. Alguém poderia trazer uma água, por favor? – pediu Luiz.

CAPÍTULO 29

Lana se revela

Era por volta das 20h30 quando Lana pegou um dos carros da fazenda e foi até a cidade, se dirigindo diretamente para o Restaurante do Chicão.

Ao chegar, verificou que Chicão ainda estava no balcão. – Boa noite, tudo bem com o senhor? – questionou Lana, se dirigindo ao Chicão.

— Boa noite, moça, que bons ventos a trazem aqui? Cadê o João?

— Desta vez resolvi vir sozinha. O João estava muito cansado e foi deitar cedo, e eu, como não conseguia dormir, resolvi me distrair um pouco.

— Ótima decisão. E o meu amigo André, também foi dormir cedo?

— Acredito que sim. Depois da janta ele nem ficou na varanda, como de costume. Me pareceu um tanto quanto preocupado, mas não sei os motivos.

— Deve ser porque estamos entrando no período de colheita das frutas de época. Isso demanda muito trabalho e cuidado até a exportação. Sei bem como o André fica preocupado nesta época. Ele tem muito zelo quanto a qualidade das frutas que exporta. Mas, faça o seu pedido, Lana.

— Chicão, por favor, não pense mal de mim, mas eu gostaria de uma garrafa de uísque e um balde de gelo. – falou a jovem meio constrangida.

— Fique tranquila, aqui o cliente manda e nós obedecemos. Você vai querer algum petisco para acompanhar?

— Sim, mas isso eu deixo a seu critério. E a Paula, está de folga hoje?

— Não, ela está lá nos fundos. Se você quiser, irei chamá-la.

— Não, não, ela deve estar ocupada, não quero atrapalhar. Só gostaria de conversar, mas deixe para outro dia.

— Que nada. Então, vamos fazer o seguinte, você vai até lá que eu levo as coisas, assim você também poderá fazer companhia a ela. Entra aqui – Chicão abriu uma entrada no balcão para Lana passar. - É no final do corredor, fique à vontade.

—Obrigada, Chicão, mas tem certeza que não vou atrapalhar a Paula?

— Fique na paz, minha jovem, pode ir que estarei lá em seguida.

Lana se dirigiu ao escritório, onde Paula estava entretida na internet.

— Boa noite, Paula. – falou Lana com ar de deboche.

Paula se assustou ao ver Lana na porta do escritório. – O que você está fazendo aqui?

— Preciso conversar e acredito que você seja a pessoa ideal para isso. Posso me sentar?

— De preferência, não.

Mas Lana, desafiando Paula, sentou-se.

Neste momento, Chicão entra no escritório com uma garrafa de Red Label, dois copos, um balde de gelo e uma travessa com frios picados. – Bom, aqui está, trouxe mais um copo, talvez Paula queira lhe acompanhar. Fique à vontade, Lana, se precisarem de mais alguma coisa é só me chamar.

— Obrigada, Chicão. - respondeu Lana.

Pouco depois de Chicão sair, Lana pegou os copos, colocou um pouco de gelo e serviu uísque. – Vamos brindar, Paula. - sugeriu Lana.

— Brindar a que? O que eu poderia comemorar com você? – questionou Paula, com ironia.

— Ora, Paula, brindar à vida, a alegria, os amores, as conquistas.

— São ótimos motivos para brindar, mas, com certeza, não seria com você que eu faria este brinde. Vamos, Lana, diga logo o que você quer, a sua presença aqui não me agrada.

— Tudo bem, Paula, se você prefere assim, vou direto ao assunto. – Lana deu um gole em seu uísque – É melhor você se afastar do João, ele me pertence e você não irá atrapalhar meus planos. Escute o meu aviso, pois será o último. Se não quiser problemas para você e para o seu pai, é melhor você se afastar de uma vez.

— Nossa, assim você me assusta – respondeu Paula com ar de deboche – E se eu não me afastar, o que você vai fazer, me bater com a crina de um dos cavalos ou colocar galinha morta na minha porta? — questionou Paula de forma satírica.

Lana sorriu, olhou nos olhos de Paula, levantou-se calmamente, deu mais um gole em seu uísque e puxou uma arma que estava em sua cintura, colocando-a na cabeça de Paula.

— Escute aqui, você não me conhece, não sabe do que sou capaz, poderia estourar sua cabeça e depois a de seu pai.

Lana, ainda com a arma na cabeça de Paula, pegou o copo, bebeu mais um gole do uísque. Olhou bem fundo nos olhos de Paula, que estava paralisada com a arma em sua cabeça, e falou: — Olha aqui, sua vagabunda, olhe bem nos meus olhos, veja se estou blefando. Se afaste do João ou arque com as consequências. Não quero ouvir uma palavra sua. Qualquer barulho e eu acabo com você e com seu pai, entendeu? Vou embora, o recado está dado. Não tente nenhum ato de heroísmo ou abra sua boca do que aconteceu aqui. Não gostaria de te enviar os pedaços de seu pai em uma caixa de papelão.

Lana bebeu o último gole de uísque, virou as costas, guardou a arma e saiu do escritório. Ao passar pelo Restaurante, pergunta. – Olá, Chicão, quanto eu lhe devo?

— Mas já, aconteceu alguma coisa? Os petiscos não estavam bons?

— Que nada, Chicão, a Paula também está cansada e agora me bateu um sono. Acho que é porque faz muito tempo que não bebo uísque, deve ter relaxado demais. Mas guarde a garrafa para mim, outro dia eu volto com mais disposição e veja o quanto eu lhe devo.

Mesmo estranhando a atitude de Lana, Chicão não discutiu e falou que nada era devido.

Quando Lana saiu, Chicão fechou o restaurante e foi até o escritório, onde encontrou Paula aos prantos. – O que aconteceu, minha filha? Por que está chorando?

Paula, lembrando-se das ameaças de Lana, parou de chorar e se recompôs. – Calma, pai, está tudo bem, é que Lana me contou uma estória muito triste que ela lembrou da vida dela. Segurei para não chorar na frente dela, mas quando saiu, não consegui mais me conter.

— Que susto, minha filha, só espero que esteja me dizendo a verdade. Não sei, mas algo me diz que esta Lana não é, exatamente, como aparenta ser.

— Deixa pra lá, pai, o senhor já fechou o restaurante?

— Já minha, filha, pode ir descansar que eu termino tudo por aqui.

— Obrigada, pai. Então vou tomar meu banho e dormir, estou muito cansada. Boa noite.

— Boa noite, minha filha, dorme com os anjos.

Ao ver que Paula já havia ido para casa, Chicão ligou para o celular do Dr. Peixoto.

— Boa noite, Chicão, aconteceu alguma coisa? – questionou Dr. Peixoto ao atender o telefone.

— Boa noite, Peixoto, me desculpe estar te ligando, mas se você não estiver ocupado, preciso lhe falar. Podemos nos encontrar na delegacia?

— Para você estar me ligando, meu amigo, o assunto deve ser sério. Acho melhor não ser na delegacia. Vamos fazer o seguinte, daqui a uns 20 minutos eu chego aí. Pode ser?

— Também acho que aqui não será um bom lugar. Tenho outra ideia, vou ligar para o André e ver se podemos tomar café lá amanhã. Se estiver tudo bem para ele, eu te aviso. Pode ser?

— Perfeito, Chicão. Nem precisa ligar para o André, ele já deve estar dormindo e se você acordá-lo, vai ficar preocupado. Eu já iria para lá amanhã cedo mesmo, então, te encontro na fazenda.

— Obrigado, meu amigo, nos vemos lá amanhã então.

João Alberto estava recolhido em seu quarto, deitado e pensando em tudo que aconteceu entre ele e Paula. Lembrou que seu irmão, desde a adolescência, era apaixonado por ela, mas isso já fazia muito tempo. Certamente Luiz já havia esquecido esta paixão não correspondida, o que lhe trouxe um certo alívio, jamais pensaria em trair o seu irmão. No entanto, seus pensamentos foram interrompidos quando bateram na porta de seu quarto.

— Pode entrar, a porta está aberta. – falou João Alberto.

— Com licença, posso entrar? – perguntou Lana, que havia acabado de chegar.

— Claro, entre. – respondeu João Alberto, que, ao contrário do que estava acostumado, não sentiu nenhuma alegria em ver Lana.

— Me desculpe, João, pelo visto te acordei.

— Não se preocupe, estava quase dormindo mesmo, mas tudo bem.

Lana entrou no quarto, fechou a porta e sentou-se na cama, próxima a João Alberto.

— Sabe o que é, João, eu queria te pedir uma coisa, mas fique à vontade para negar se assim entender.

— Pode falar.

— Será que eu poderia passar a noite com você? Estou me sentindo estranha, com um sentimento de que algo ruim está para acontecer, estou precisando de companhia.

— Lana, não vejo problema em você ficar um pouco aqui comigo, mas hoje não serei uma boa companhia. Estou muito cansado e amanhã terei que acordar muito cedo. Estamos na época de colheita das frutas e isso dá muito trabalho. Contratamos mais cinquenta pessoas para ajudar e tenho que acompanhar tudo para evitar que sejam colhidas frutas que ainda não estão boas ou que misturem frutas passadas. Meu pai é muito rigoroso quanto a este controle.

— Entendi, João, me desculpe, até amanhã. – respondeu Lana com um ar de tristeza e antes que João Alberto falasse algo ela saiu do quarto.

— Desgraçado, o que é seu está guardado. – Lana falou a si mesma, em voz baixa, indo para o seu quarto.

João Alberto achou estranha a atitude de Lana. Sentiu que a mesma estava forçando uma situação, a qual eles haviam combinado que seria mantida da forma que estava, sem cobranças, sem estresse, sem que nenhum dos dois forçassem nada. Mas, depois desta visita inesperada, resolveu dormir. Levantou-se, trancou a porta de seu quarto, o que não era costume para João Alberto, mas sentiu que deveria fazê-lo. Voltou a se deitar e em pouco tempo, adormeceu.

Dr. André também estava em seu quarto, olhando as mensagens em seu celular, quando percebeu que havia chegado uma mensagem do delegado:

"Boa noite amigo, amanhã teremos companhia para o café, o Chicão também vai aparecer, coloque mais uma xícara na mesa. Abraço"

Estranho, o Chicão não me falou nada que viria. Será que aconteceu alguma coisa? Bom, acho que nada mais vai me surpreender. – pensou Dr. André.

Paula tomou um banho demorado, ficou revendo inúmeras vezes a cena de Lana com a tesoura em seu pescoço. Estava assustada, porém Paula sempre foi arredia e guerreira e as vezes até inconsequente. Um momento de raiva tomou conta de seu corpo. - Como aquela vaca teve coragem de fazer isso comigo? Isso não vai ficar assim, vou mostrar para ela do que sou feita, ela não perde por esperar. – pensou.

Quando se deitou, demorou para pegar no sono. O acontecido não saía de sua cabeça e quando acreditava que conseguiria dormir, tudo voltava em forma de sonho. Foi uma noite terrível e quando Paula percebeu, já era dia.

Ao se levantar, encontrou seu pai na cozinha, que estava preparando o café.

— Bom dia, minha filha, por que levantou tão cedo?

— Não consegui dormir direito, pai, então achei melhor levantar e começar a limpar o salão. Quem sabe assim eu distraia minha cabeça.

— Aconteceu alguma coisa, Paula? Por favor, não esconda nada de mim.

— Não foi nada, pai, acho que são estas coisas de mulher. Mas por que o senhor levantou tão cedo também?

— Eu tenho que ir fazer uma visita ao meu amigo André, por isso levantei cedo. Lá eles deitam com as galinhas e levantam com o galo. Mas não devo demorar, acredito que chego a tempo de te ajudar no salão.

— Na fazenda, pai, eu até gostaria de ir junto. – falou Paula.

— Seria muito bom, mas acho que você deve aproveitar que levantou cedo e ajudar o pessoal na limpeza do salão. Não estou muito contente com a limpeza que eles têm feito, então, seria bom se você ficasse e cobrasse mais asseio por parte deles.

— Está certo, pai, então vou ficar. Pode deixar que cuidarei de tudo por aqui. Deixe um abraço no Dr. André e se ver o João, dê um beijo nele por mim.

— Olha, filha, até deixo o abraço, mas, dar um beijo no João por você, não vai dar não.... (os dois riram).

Quando Chicão chegou na fazenda, Dr. Peixoto já estava na varanda com Dr. André. Os dois estavam sentados em frente à mesa com um café da manhã bem sortido.

— Bom dia! – saudou Chicão. Os dois responderam ao cumprimento do amigo.

— O Peixoto é magro de ruindade mesmo. Falou em comida ele é sempre o primeiro a chegar. – falou Chicão e todos riram.

— Sente-se, Chicão, aproveite para tomar um café da manhã de verdade e não só aquele café aguado e pão amanhecido que você serve lá no restaurante. – respondeu o delegado. (todos riram novamente).

Todos se serviram muito bem e começaram a conversar sobre assuntos aleatórios, como era de costume. Ao terminarem o café, o Dr. Peixoto falou: — André, podemos ir para o seu escritório?

— Claro que sim, vamos. – respondeu Dr. André. – Nesse instante, Mercedes chegou à varanda para retirar a mesa e Chicão não se fez de rogado.

— Mercedes, me faz uma gentileza? Tem como você colocar este café em uma térmica e levar no escritório do André? Pode deixar que os bolos eu mesmo levo.... (risos)

— Nossa, Chicão, por isso que você está com essa pança, não para de comer. – brincou Dr. Peixoto.

— Não é nada disso, é que não gosto de ver comida estragar, principalmente quando se trata dos quitutes de Mercedes. – respondeu Chicão e todos caíram, novamente, na risada.

Se dirigiram para o escritório e depois que Mercedes deixou a garrafa térmica com café, Dr. Peixoto trancou a porta.

— Diga lá, Chicão, o que aconteceu? – questionou o delegado.

Chicão passou a narrar todo o ocorrido na noite anterior, com a visita de Lana, que a mesma ficou no escritório por poucos minutos com Paula e o quanto sua filha chorava depois da saída de Lana. Narrou também a desculpa que Paula lhe deu para justificar o seu choro. – Não acreditei na conversa de Lana para ir falar com a Paula. Sei que a minha filha seria a última pessoa neste mundo que Lana iria procurar para desabafar e também não acreditei na justificativa que minha filha me deu para justificar o seu choro compulsivo. Eu sei muito bem que as duas não se topam desde o primeiro encontro, então, Paula não iria se emocionar àquele ponto por qualquer estória contada por Lana. – explicou Chicão.

— Você tem toda razão, Chicão, eu também percebi que as duas nutrem uma repulsa real entre elas. Mas o que Lana fez para deixar a Paula, que tem um temperamento forte e arredio, viesse ter aquela reação? – perguntou Dr. André.

— Bom dia, Raul e Sueli. Eu sei que vocês estão ouvindo nossa conversa e também sei que vocês têm um dossiê sobre Lana e que o mesmo está sob sigilo absoluto, no entanto, pode ser que Paula e Chicão estejam em risco. Eu gostaria de ver este dossiê ou que vocês me falassem o que sabem, extraoficialmente. – pediu o delegado.

Alguns minutos depois, Raul bateu à porta do escritório. Dr. André abriu e permitiu a entrada do agente.

— Bom dia a todos. Delegado, infelizmente não consegui autorização para lhe mostrar o dossiê e não posso revelar, mesmo que, extraoficialmente, o seu conteúdo. Mas já transmiti o teor da conversa de vocês ao Jorge, estou no aguardo do retorno dele. – falou Raul.

— Tudo bem. Alguma novidade quanto ao que Jorge foi resolver? – questionou o delegado.

— É melhor o delegado aguardar, ele já está voltando. Acredito que até o final da tarde esteja de volta. – respondeu Raul.

Neste momento, o telefone de Raul toca, ele atende, era Jorge.

— Bom dia, Raul, recebi sua transmissão. Me faça um favor, coloque no viva-voz. – solicitou Jorge.

— Bom dia a todos! – cumprimentou Jorge – eu já esperava por isso, principalmente depois das últimas ocorrências. Sr. Chicão, a Sueli vai acompanhá-lo e vai permanecer por lá até a minha chegada. Depois eu converso pessoalmente com o senhor.

— Mas o que vou falar para a Paula quando ver que cheguei com a moça?

— Só confirme a versão que a Sueli vai contar. Pode ficar tranquilo, ela é muito convincente quando quer. Outra coisa, a Lana sabe que o senhor está aí na fazenda?

— Não sei, eu não a vi, mas se ela já desceu e conhece o meu carro, então certamente saberá que estou aqui (O que de fato ocorreu. Lana viu o carro do Chicão e se irritou – Aquela maldita abriu o bico, terei que dar um jeito neles – pensou Lana).

— Dr. André, por favor, peça para o João vir ao escritório, vou precisar da ajuda dele.

Dr. André, no ato, enviou mensagem para João Alberto, que em pouco tempo, entrou no escritório.

— Bom dia a todos! – cumprimentou João – O que houve, papai?

— Bom dia, João – cumprimentou Jorge – Preciso que você nos faça um favor: dê um jeito de ficar próximo à Lana, não deixe que ela se comunique pelo celular. Se possível, dê um jeito de tirar o celular dela. Depois eu te explico, mas faça isso agora. Sr. Chicão, volte agora para o restaurante com a Sueli, ela já deve estar esperando o senhor depois da porteira.

Chicão e João Alberto saíram imediatamente do escritório.

— Presumo que estejam somente Dr. André, o delegado e o Raul. – falou Jorge.

— Isso mesmo, chefe.

— Delegado, preciso que o senhor volte para a delegacia. Mantenha aquele verme ocupado. Hoje mesmo o senhor poderá colocar as mãos nele da forma que o senhor quiser, mas me aguarde, não faça nada até eu chegar.

— Entendi, Jorge, farei isso. Você quer que eu envie mais alguém para o restaurante do Chicão?

— Não, delegado, só temos o Raul disponível da minha confiança por aí e a Sueli está preparada para qualquer coisa. Faça somente o que lhe pedi, mantenha aquele verme ocupado.

— Raul, volte para o centro de monitoramento e fique atento, principalmente aos movimentos da Lana. — Raul também deixou o escritório.

— E eu, Jorge, não posso me esconder enquanto tem outras pessoas aqui na fazenda que podem estar correndo risco. – retrucou Dr. André.

— Calma, Dr. André, não quero que se esconda. Não acredito que tentem algo contra os funcionários, mas preciso que o senhor fique onde está, não faça nada.

— Mas e o João, ele também está em risco. Não sei se é prudente deixá-lo próximo a Lana. Pelo que estou percebendo, não podemos confiar nela. – respondeu Dr. André.

— Quanto a isso fique tranquilo, já preparei uma surpresa.

João Alberto não encontrou Lana no estábulo, então dirigiu-se para o armazém, onde estocavam as comidas e medicação dos animais, encontrando-a sozinha, e estava guardando seu celular no bolso e, pelo visto, havia acabado de usá-lo.

— Bom dia, moça. – cumprimentou João Alberto com um sorriso no rosto. – Me desculpe por ontem à noite. Realmente eu precisava descansar, mas sei que fui muito indelicado e você não merecia. Me perdoe, por favor.

Lana sorriu. – Posso até te perdoar, mas o que vou ganhar como forma de recompensa por ser tão bondosa? – perguntou sorrindo.

— Peça o que quiser que eu verei se posso atender. – respondeu João Alberto.

— Primeiro, não querendo ser curiosa, mas já sendo, vi os carros do delegado e do Sr. Chicão, houve alguma coisa?

— Não sei ao certo, mas acho que eles vieram combinar de ir pescar. Todos os anos, nesta época, após a colheita das frutas, eles costumam ir pescar, ficam uns 15 dias fora.

— Mas a colheita começou hoje e eles já estão programando?

— Acho que sim. É que nos outros anos o Antônio fazia tudo isso, verificava o lugar, fazia as reservas, já preparava tudo que seria levado. Mas desta vez, o Antônio não estará aqui, então, acho que é por isso que resolveram se reunir com antecedência. Pode acreditar que eles vão se reunir mais algumas vezes e ainda assim ficará faltando muita coisa. (risos).

— Entendi. Agora vem o meu pedido, certo?

— Pensei que já havia pedido. – brincou João Alberto – Estou brincando, peça.

— Eu gostaria de passar o dia inteiro com você, mas como sei que você está muito ocupado e eu tenho muito que fazer aqui também, poderíamos passar a noite inteira juntos?

— Não vejo a hora de anoitecer. – respondeu João Alberto, abraçando Lana e a beijando, e, enquanto se beijavam, João Alberto, começou a acariciar o corpo de Lana, que se entregou às carícias. Aproveitando-se do estado de excitação da jovem, apertou seus glúteos, fazendo com que o celular que estava no bolso traseiro dela e caísse em suas mãos. Colocou, rapidamente, em seu bolso, sem que Lana percebesse. João Alberto também tomou cuidado para que as mãos de Lana não percorressem suas costas, onde mantinha, em sua cintura, a pistola.

— É melhor pararmos por aqui e guardarmos o restante para a noite. – falou João Alberto, se afastando de Lana.

— Safado. Adorei. – respondeu Lana vendo João Alberto se afastar.

João Alberto foi diretamente ao centro de monitoramento, onde estavam Raul e seu pai. – Raul, aqui está o celular de Lana. Tenho certeza que ele será mais útil com você do que comigo. – falou João, entregando o aparelho.

— Muito bom, João, como conseguiu?

— Te dou o milagre, mas não te conto o santo. – respondeu João Alberto sorrindo.

Raul pegou o aparelho e já ligou em seu computador. Fez um backup de tudo e inseriu um programa para ter acesso a qualquer atividade executada. – João, agora já temos o que precisamos. Dê um jeito de devolver o aparelho a ela sem levantar qualquer suspeita. – pediu Raul.

— Pode deixar.

João Alberto pegou Tufão e voltou onde havia encontrado Lana, mas esta já havia saído. Deixou o celular caído no chão, próximo de onde eles se beijaram. Com sorte ela ainda não teria percebido que estava sem ele, pensou João Alberto.

Pouco tempo depois que João Alberto deixou o armazém, Lana chegou apavorada procurando seu celular, encontrando-o no chão. – Ainda bem que encontrei. – pensou Lana.

Chicão e Sueli chegaram ao restaurante e ao vê-los, Paula se manifestou:

— Nossa, pai, pensei que o senhor tinha esquecido de mim. Fiquei preocupada, o senhor não falou que seria rápido?

— E não foi? Alguma vez você viu eu voltar do André tão rápido assim? E ainda trouxe uma convidada. Esta é Sueli, trabalha com o esposo na fazenda. Eu comentei com o André que agora começava a correria aqui e ele me cedeu, por empréstimo, esta jovem.

— Que ótimo, pai, realmente estamos precisando de mais uma pessoa. Seja bem-vinda, Sueli, sou a Paula.

— Muito prazer, Paula, o que posso fazer para ajudar?

— Venha comigo, Sueli, vou arrumar um uniforme para você. Tenho alguns que mandei fazer para mim e tenho certeza que servirão em você. Estão novinhos, nunca usei.

Sueli concordou e foi com Paula ver os uniformes e se trocar. Era tudo o que Sueli queria, pois poderia, facilmente, passar desapercebida. Colocou o uniforme e escondeu os cabelos sob o boné.

— É, Sueli, acho que ficou um pouco grande, mas tenho o costume de fazer um pouco maior para que não fique marcando.

— Eu também prefiro roupas mais largas, não marcam o corpo e evitam piadinhas de engraçadinhos.

— Nisto você tem toda razão, mas aqui engraçadinho não tem vez. Meu pai tem uma calibre 12 embaixo do balcão e toda vez que alguém se mete a besta, ele só mostra o trabuco e a pessoa sai daqui rapidinho... (risos), e, graças a Deus, ele jamais precisou atirar. Nem sei se funciona, mas assusta.

— É claro que funciona, ganhei do delegado e está sempre carregada. – falou Chicão.

Todos começaram a trabalhar e conforme os funcionários do restaurante chegavam, eram apresentados à Sueli, a nova funcionária.

Dr. Peixoto chegou na delegacia, cumprimentou Marcelo e foi para sua sala. Logo em seguida Marcelo entra na sala do delegado.

— Bom dia, doutor!

— Bom dia, Marcelo.

— Doutor, está tudo tranquilo e eu preciso dar um pulo na capital resolver uns problemas pessoais. Volto até o final do expediente.

— Sinto muito, Marcelo, mas hoje vou precisar de você aqui na delegacia. Recebi uma ligação do secretário e preciso que você separe todos os casos que entraram este ano. Faça o relatório de cada caso de forma pormenorizada, relacionando as provas que estão em nosso arquivo e as que já enviamos para a capital. Preciso disto para hoje.

— Como assim, doutor? Até dá para separar os casos, mas fazer relatórios de todos, ainda pormenorizados e relacionar todas as provas, vou levar o dia inteiro.

— Então, o tempo que você está discutindo comigo já deveria estar começando. – respondeu o delegado.

— E quem vai fazer o atendimento?

— Pode deixar comigo, eu atendo.

— Mas, doutor, o que preciso resolver tem urgência, voltarei o mais rápido possível.

— Urgente é atender as determinações do secretário. Que eu saiba você não tem parentes na capital, então não pode ser questão de saúde.

Agora, se for rolo, é melhor eu nem saber. Não quero mais discussão, você está perdendo tempo, vá fazer o que mandei. – determinou o delegado com autoridade.

Marcelo saiu da sala do delegado, bufando. Não esperava esta reação do Dr. Peixoto, que sempre foi muito compreensivo quanto às suas saídas. Sentou em sua cadeira e se acalmou, sabia que não adiantaria discutir com o delegado. Afinal, se desta vez ele não autorizou é porque, realmente, precisava dos relatórios e muito havia a ser feito, iniciou seu trabalho.

Dr. Peixoto, assim que Marcelo saiu de sua sala, sorriu, conseguiu o seu intento.

CAPÍTULO 30

Pescaria em alto mar

Jorge determinou que seus agentes, a princípio, utilizassem armas tranquilizantes e deixassem para usar armas de fogo somente em último caso. Sua intenção era prender todos, principalmente o Sr. McGregor.

Orientou toda a operação. Duas agentes vestidas de camareiras se aproximaram dos seguranças e quando estes estufaram o peito para enxotá-las, receberam as munições tranquilizantes, só não vindo ao chão porque foram seguros pelas agentes, que deixaram os corpos caírem devagar para não fazerem barulho.

A equipe se aproximou, com Jorge e Vicente à frente. Uma das agentes vestida de camareira bateu à porta. Duas batidas rápidas, intervalo e uma batida. Esse era o código dos seguranças para se identificarem, o que foi descoberto durante a vigilância que havia sido instalada.

Outro segurança abriu a porta, porém de forma descuidada, acreditando que era um de seus parceiros, recebendo um soco no nariz, que o levou ao solo jorrando sangue. Vicente sabia como bater. No mesmo instante, Jorge acabou de abrir a porta com a arma tranquilizante em punho e atirou em outro segurança, que também veio ao solo imediatamente.

Vicente viu que havia outro segurança atrás da porta, com a arma em punho, pronto para atirar em Jorge assim que ele invadisse. Então não pensou duas vezes, puxou sua pistola e atirou por cima da cabeça de Jorge, atingindo o segurança no peito.

Quando entraram, o Sr. McGregor estava sentado, apreciando uma dose de uísque. Parecia estar confortável, pouco se importando com tudo que estava ocorrendo.

Quando Jorge entrou, o Sr. McGregor começou a falar:

— Idiotas, com quem vocês acham que estão lidando?

Jorge se aproximou do Sr. McGregor de forma calma, até mais do que o seu normal. – Levantem este traste e revistem-no – determinou Jorge aos seus agentes.

— Está limpo, chefe.

Jorge olhou fixamente no rosto de McGregor. De repente, desferiu um soco na lateral de seu maxilar e o velho foi ao solo cuspindo sangue e dentes. Entre eles, um aparelho de escuta e transmissão. Jorge pisou em cima, destruindo totalmente o aparelho.

Os agentes levantaram o Sr. McGregor e o colocaram novamente sentado onde estava.

— Tenho muitos contatos, vocês até podem me levar. Quando chegarem à delegacia, já haverá uma ordem de soltura na mesa do delegado. – esbravejou Sr. McGregor.

— E quem disse que você vai para a delegacia, seu verme? Levem este lixo daqui. – determinou Jorge. – Vicente, mais uma vez obrigado, meu irmão. Agora preciso que você me acompanhe para pescarmos o tubarão, tem um jato nos esperando.

Jorge passou as últimas ordens para garantir que o Sr. McGregor sairia do hotel sem ser notado e que ficaria em um local totalmente seguro, até a sua partida para Londres, juntamente com todos os outros que já estavam presos no galpão ou que haviam tombado naquela operação.

Jorge saiu do quarto onde estava McGregor e foi para o quarto onde estavam Luiz e Madeleine. Agradeceu a agente que permaneceu com eles e mandou que a mesma ajudasse na limpeza do local. A agente saiu imediatamente.

— Vocês estão bem? – perguntou Jorge.

— Sim, Jorge, obrigado. Agora acho que está tudo bem. O que pretende fazer com ela? – Luiz perguntou, olhando para Madeleine, que estava com a cabeça em seu ombro.

— Madeleine, você está bem? – perguntou Jorge.

— Só estou um pouco atordoada com as drogas que me injetaram, mas daqui a pouco estarei bem, chefe. – respondeu Madeleine.

— Chefe? Como assim, chefe? Não estou entendendo, seu chefe não era aquele verme? – perguntou Luiz, todo atrapalhado.

— Madeleine faz parte de minha equipe. Há alguns anos ela conseguiu se aproximar de McGregor. Teve que manter seu disfarce. Sem ela jamais teríamos conseguido as provas que temos e prender aquele lixo.

— Por que você não me falou nada, Madeleine? Jorge, então você sabia que ela estava viva o tempo todo e não me falou nada também, e ainda deixou eu pensar que ela realmente estava tendo um caso com o velho.

Madeleine riu. – Caso com o velho? O negócio dele é outro, ele prefere os rapazes. Por que você acha que ele te dava tantos presentes? – indagou Madeleine. Jorge riu.

— Luiz, não podia te falar nada, você estava sendo muito vigiado. Sua ignorância quanto à Madeleine era essencial para a manutenção do disfarce dela.

— Mas por que o velho estava mantendo você amarrada e amordaçada?

— Ele estava desconfiando que você poderia aparecer a qualquer momento, assim, vendo Madeleine daquele jeito, não tentaria nada contra ele. – respondeu Jorge.

— Bom, tem um carro esperando vocês. É melhor irem para que a equipe possa fazer a limpeza. Encontro vocês amanhã. – Jorge falou e saiu em seguida.

Luiz se virou para Madeleine com a intenção de lhe fazer inúmeras perguntas, mas antes que começasse a falar, Madeleine o beijou profundamente, sendo correspondida.

Jorge e Vicente foram ao aeroporto, onde ingressaram em um jato que os aguardava. Aproveitaram o pouco tempo de viagem para descansarem um pouco e trocarem de roupa, após uma higienização rápida no corpo.

A equipe de Jorge se encarregou de levar todos que foram detidos para o mesmo barracão onde estavam Smith e Call, inclusive o Sr. McGregor, que ficariam por lá, aguardando novas determinações de Jorge.

Luiz e Madeleine saíram do hotel onde tudo ocorreu. Entraram no carro que os aguardava e foram conduzidos a outro hotel, mais próximo do aeroporto.

Ao chegarem, foram acompanhados pelo agente que guiava o veículo, que retirou na recepção as chaves dos dois quartos locados. – Luiz, aqui estão as chaves dos quartos. Fizemos questão de que fossem um de frente ao outro e aqui estão as passagens, com voo pela manhã. Ficarei aqui de vigilância e à sua disposição e os levarei ao aeroporto, conforme determinações e Jorge. – falou o agente.

— Obrigado, meu amigo, foi uma noite muito tensa para todos nós, e você também não é de ferro. Vamos fazer o seguinte, fique em um dos quartos e eu e Madeleine ficaremos com o outro. Todos precisamos descansar e de um bom banho. Pela manhã, nos chame e iremos contigo ao aeroporto. – sugeriu Luiz.

— Me perdoe, sua oferta é tentadora, mas devo seguir o comando do Jorge, então permaneço aqui na recepção. Qualquer coisa é só me chamarem. – respondeu o agente.

— Não se preocupe, quanto ao Jorge, eu me entendo com ele depois. Com certeza vamos nos sentir mais seguros com você no quarto em frente e descansado. Não sabemos o que nos espera até o embarque, será melhor todos descansarem. Pegue a chave. – Luiz entregou a chave ao agente, que acabou por aceitar.

Todos subiram para os quartos, Madeleine, que permaneceu completamente muda após o seu resgate, ao entrarem no quarto, pediu para tomar banho primeiro. Ainda estava muito tensa e precisava relaxar, com o que Luiz concordou prontamente.

Enquanto Madeleine tomava banho, Luiz tratou de verificar sua arma. Colocando-a enrolada em sua toalha, ligou a televisão e ficou assistindo o programa de esporte. Resolveu pedir uma refeição e um vinho. Isso ajudaria a relaxar, pensou ele.

A refeição e o vinho solicitados chegaram antes mesmo que Madeleine deixasse o banheiro. Luiz tratou de abrir o vinho e servir as duas taças. como Madeleine estava demorando, resolveu começar a saborear o vinho. Quando ela saiu do banheiro, Luiz já havia consumido todo conteúdo de sua taça.

— Tomei a liberdade de pedir uma refeição bem leve e um vinho. Estou certo que ele ajudará a relaxar. Agora eu que vou para o banho e certamente, não demorarei tanto quanto você. Não me espere, se alimente e descanse. – falou Luiz à Madeleine.

— Obrigada, Luiz. Com este banho consegui relaxar um pouco e a fome bateu, mas vou aguardar você. – respondeu Madeleine.

Luiz foi se banhar, mas deixou a sua arma dentro do box, pronta para ser usada, caso necessário. Durante o banho, Luiz ficou relembrando todo o ocorrido, inclusive seu relacionamento com Madeleine, de quando recebeu a foto e o bilhete que induziam à morte da jovem, sua ira ao saber que ela estava viva e poderia ter participado de toda a farsa e o alívio do resgate e das explicações superficiais de Jorge. Quando se deu conta, tinha permanecido mais de 30 minutos no banho.

Quando saiu do banheiro, viu Madeleine deitada na cama. A taça de vinho dela também estava vazia. A jovem não aguentou esperá-lo e caiu em sono profundo. Luiz sorriu e foi até a cama. Cobriu Madeleine, encheu mais uma taça de vinho, sentou-se na poltrona que ficava próxima à entrada do quarto e em frente à TV. Saboreou sua taça e se deitou ao lado de Madeleine que, consciente ou inconscientemente, virou-se para o lado de Luiz e o abraçou, mas não despertou. Luiz sorriu novamente. Beijou a testa de Madeleine e pouco tempo depois, também adormeceu.

Pela manhã, o interfone do quarto de Luiz e Madeleine tocou, era o agente: — Bom dia, Luiz, saímos em 60 minutos. Aguardo vocês na recepção. – falou o agente.

— Ok. Obrigado. – respondeu Luiz.

— Madeleine, acorde, temos que partir. – falou docemente Luiz no ouvido de Madeleine.

— Eu ouvi o interfone, só estava esperando você me acordar. – respondeu Madeleine, com a voz bem meiga – Quanto tempo temos?

— Uma hora. – respondeu Luiz.

— Então, temos tempo suficiente. – falou Madeleine, com um sorriso travesso. Puxou Luiz para perto e o beijou. Os dois se amaram com muito carinho e fervor.

O interfone tocou novamente, Luiz atendeu e antes que a pessoa se identificasse, falou: — Me perdoe, já estamos descendo. – Madeleine riu.

O agente os conduziu até o aeroporto e ficou aguardando o efetivo embarque. Quando o avião levantou voo, Luiz e Madeleine se entreolharam, e, demonstrando um sentimento de alívio, Madeleine encostou sua cabeça no ombro de Luiz e ele respondeu, encostando sua cabeça na dela.

CAPÍTULO 31

Desmantelamento

No final da tarde, pouco antes de anoitecer, Lana saiu a pé da fazenda. Foi discreta, ninguém a viu saindo. A uns 100 metros do portão de entrada havia um carro preto estacionado e Lana entrou nele.

No entanto, Lana não sabia que a fazenda estava sendo totalmente monitorada por câmeras e sensores de presença. João Alberto estava no centro de monitoramento com Raul quando foram alertados de movimentação próximo ao portão.

— Lana está saindo. – falou Raul, para João Alberto. Porém, assim que João Alberto viu que era Lana, pegou a chave do carro de Raul que estava em cima de uma mesinha próxima a ele e saiu rapidamente. Raul não teve tempo de impedir João Alberto, somente avisou Jorge do ocorrido.

João Alberto viu o carro preto à uns 150 metros à sua frente e resolveu se manter distante. Tinha certeza que Lana estava dentro dele. Percebeu que Lana se dirigia para o Restaurante do Chicão, o que lhe ocasionou um frio na espinha. Até pensou em ultrapassar o carro para chegar antes ao restaurante, mas ficou com receio de que Lana reconhecesse o veículo em que estava, já que o mesmo permanecia a maior parte do tempo estacionado na fazenda, e tentasse lhe tirar da estrada ou recuasse em suas intenções. Então resolveu permanecer seguindo à distância.

O restaurante estava fechado, mantendo somente uma das portas abertas, permanecendo no local somente Chicão, Paula, Sueli (Sueli) e mais dois funcionários. Abriria novamente um pouco mais tarde, após a limpeza do local.

Ao chegarem ao aeroporto, em Campo Grande, Luiz alugou um carro, Já tinha resolvido passar um tempo na fazenda e apresentar Madeleine a seu pai e seu irmão, com a concordância de Madeleine. No caminho, Luiz perguntou a Madeleine:

— Você está com fome?

— Um pouco, por quê? Conhece algum lugar que possamos parar? Na verdade, ainda estou cansada.

— Conheço um lugar perfeito, uma ótima comida e um atendimento maravilhoso, o Restaurante do Chicão. Tenho certeza que ele vai chorar quando nos ver.

— Como assim, chorar? O que você aprontou com ele?

Luiz riu e respondeu:

— Ele é muito amigo do meu pai, cresceram e aprontaram juntos, somos quase uma família só. Quando garoto, eu era apaixonado pela filha dele, a Paulinha.

— Já não gostei, esta estória de rever amores antigos não me agrada Luiz, pode ir para outro lugar. – falou Madeleine, brava.

Luiz riu novamente.

— Não se preocupe, meu amor. Como falei, foi amor de infância e além do mais, ela nunca me deu bola, sempre foi apaixonada pelo meu irmão.

— Sei. Tudo bem, mas tem uma coisa: se começarem com gracinha, vão ter que acertar as contas comigo. Entendido, mocinho? – Madeleine sorriu e beijou Luiz.

— Luiz, preciso te contar uma coisa. – falou Madeleine.

— Ora, diga.

— O Jorge já lhe adiantou que, como você, sou agente da polícia internacional, há mais de seis anos e nos últimos 5 anos tenho trabalhado disfarçada.

— Que você estava trabalhando disfarçada eu já sabia. (risos de Luiz).

— Tá, fica quieto, deixa eu falar. – esbravejou Madeleine – Na verdade, meu nome não é Madeleine, me chamo Julia, Julia Queiróz Thompson. Meu pai era inglês e minha mãe brasileira, nasci em Rye, onde também fui criada.

— Conheço Rye, linda cidade próxima ao litoral, servem excelentes pratos à base de frutos do mar. – falou Luiz – Julia, lindo nome. Na verdade, melhor do que Madeleine (risos), seus pais fazem o quê?

— Meu pai era professor de história em Cambridge e minha mãe lecionava língua portuguesa em uma escola de idiomas em Londres. Os dois já faleceram, foram assassinados. – revelou Julia, com lágrimas nos olhos.

— Me desculpe, Made... digo, Julia, eu não sabia. – falou Luiz totalmente desconcertado.

— Tudo bem, por esta razão que resolvi entrar para a polícia. Não queria que ninguém mais sentisse o que senti. Era muito jovem quando isso aconteceu. Entrei na academia e um ano depois de formada me enviaram para a Scotland Yard. Fiquei pouco tempo lá e o Jorge me chamou para a polícia internacional. Agora me fale mais sobre você. – pediu Julia.

— Deixa de ser boba, com certeza você sabe tudo sobre mim, afinal, eu fazia parte do seu trabalho. – respondeu Luiz de forma irônica.

— Verdade, quer ver? Seu pai se chama André, advogado renomado e reconhecido em muitos países, inclusive nos Estados Unidos. Sua mãe se chamava Lurdes, faleceu quando você ainda era criança, seu irmão se chama João Alberto. – Está indo bem, continue. – interrompeu Luiz.

— Você sempre deu muito trabalho ao seu pai. Seu irmão segurou muitas broncas suas, era o verdadeiro irmão mais velho. Foi para Londres com a intenção de fazer cursos de mestrado e doutorado, mas na verdade, nunca frequentou qualquer curso, comprou o título através de um reitor corrupto. Montou um escritório e começou a se envolver com pessoas erradas da alta sociedade londrina, sendo salvo e depois recrutado pelo Jorge que viu potencial em você, apesar de ninguém acreditar, nem você mesmo. Fez o curso na Interpol e acabou se destacando. Pela primeira vez você levou alguma coisa a sério em sua vida. Como fui? – perguntou Julia.

— Foi ótima. Fico contente de que o relatório não tenha entrado em detalhes de certos momentos de minha vida. (Luiz sorriu).

— Você é quem pensa, Sr. Luiz. Só não quis estender a sua descrição. Sei muito mais do que você imagina... — risos.

— Assim, não vale, vou pedir a sua pasta para o Jorge. Afinal, como poderia me casar com uma estranha? Iria parecer aquele filme senhor e senhora Smith, com a Angelina Jolie e o Brad Pitt. (os dois riram muito).

Quando João Alberto chegou ao restaurante verificou que o carro preto também estava lá. Havia dois homens parados, em pé, próximos à entrada, onde o carro estava estacionado. Então resolveu dar a volta e estacionar mais à frente, para não chamar a atenção de sua chegada.

Quando Lana entrou pela porta que estava aberta, foi recepcionada por um dos funcionários que auxiliava na limpeza. – Boa tarde, estamos fechados para a limpeza. Abriremos daqui a uns 40 minutos. – falou o funcionário.

— Tudo bem, o que vim fazer não deve demorar. – respondeu Lana – A Paula e o Chicão estão por aí?

— Sim, devem estar na cozinha. Vou chamá-los. – respondeu o funcionário.

Lana puxou uma arma de sua cintura e apontou para o funcionário. – Não precisa chamar ninguém, vá entrando em silêncio.

Sob a mira da arma de Lana, o funcionário seguiu para o interior do Restaurante. A jovem encontrou Chicão e Paula atrás do balcão.

— Que ótimo que encontrei os dois juntos, isso me poupará trabalho. – falou Lana.

Chicão ficou pálido.

— Pobre coitada, realmente você tem dificuldades em entender o que a pessoas lhe falam, não é? Vão ali para o canto e mantenham as mãos sobre o balcão. A moça também pode sair aí de trás, se não quiser que eu faça um belo estrago na cabeça deles. Vocês (se referindo aos outros dois funcionários), deixem os celulares aqui no balcão e entrem no banheiro. – Logo em seguida, Lana, sem deixar de apontar sua arma para Paula, trancou a porta do banheiro assim que os funcionários entraram.

João Alberto, que havia entrado pela porta dos fundos, que dava acesso à cozinha, não foi notado por Lana, empunhou sua arma, se manteve em um local que poderia observar e ouvir tudo e não ser visto por Lana.

— Eu avisei a você, mocinha (Lana se referia à Paula), você não tem noção com quem se meteu. Agora, terei que tirar todos vocês do meu caminho e depois atear fogo nesta espelunca. Quando a polícia técnica fizer as autópsias irá notar um buraco de bala na cabeça de cada um de vocês, irão acreditar que foi latrocínio.

E continuou, de forma debochada: — O japinha, estou te reconhecendo, você é a esposa daquele outro japa que trabalha na fazenda, o Raul, então você é a Sueli. Estranho estar aqui, a não ser que... Ah, você até que foi esperta, não havia desconfiado que era policial, agora percebo que aquele outro japa que está na fazenda também deve ser. Mas ele também irá receber o dele, pode ficar tranquila, vocês se encontrarão no inferno.

Sueli foi a única a perceber a presença de João Alberto, fazendo sinal com a cabeça para ele não fazer nada.

— Então, Lana, eu também sei que este não é o seu nome, mas já que você vai dar cabo de nossas vidas, poderia ao menos nos contar o que pretende?

Lana sorriu.

— Tem razão, japinha. De qualquer forma, meu nome não interessa agora, mas vou satisfazer a sua curiosidade. Eu quero a fazenda do André e as demais que estão em volta, mas para isso preciso "entrar para a família". Depois vou acabando com eles, um por um, de forma a não levantar qualquer suspeita, e, uma vez sendo dona da fazenda, não terei problemas em tomar as demais. – respondeu Lana.

— Então você só queria se aproximar do João para se apropriar da fazenda? – questionou Paula, indignada.

— Até que você não é tão burra. – respondeu Lana – Você acreditou, realmente, que eu iria me apaixonar por um matuto? Olha para mim, veja se eu sou o tipo de mulher que faria isso. Apesar dele ser muito bonito e gostoso, até me divertir com aquele corpo e vou aproveitar um pouco mais e o melhor, sem você para me atrapalhar.

— Não é muito trabalho por alguns alqueires de terra? – perguntou Sueli. — com a intenção de prorrogar a conversa enquanto pensava em uma forma de tirar todos daquela situação.

— Como eu desconfiava, vocês não sabem de nada. Não sei porque mandaram você e aquele outro japa para a fazenda, mas isso não faz mais qualquer diferença.

Chicão, em um ato desesperado, puxou a sua espingarda calibre 12 que estava próximo a ele, embaixo do balcão. Lana reagiu e atirou em Chicão, que caiu imediatamente no chão, apontando, novamente, a arma para Paula.

No entanto, antes que Lana disparasse contra Paula, ouviu-se outro disparo, que acertou no ombro direito de Lana, que deixou a arma cair de sua mão. Rapidamente, Sueli pulou o balcão e imobilizou Lana. João Alberto saiu de onde estava e se mostrou. Jorge, Vicente, Luiz e Julia (Madeleine) entraram no restaurante, com as armas em punho. Jorge gritou. – Todo mundo no chão, larguem as armas.

João Alberto permaneceu com a arma em punho e foi se aproximando de Lana lentamente. – João, me dê sua arma – pediu Luiz. João entregou a arma, mas sequer notou que era o seu irmão quem pegava. – Você não vale nada, Lana.

Sueli se aproximou de João Alberto. – Acabou, João.

— Acabou nada, tem mais dois homens lá fora. – falou João Alberto, meio que transtornado.

— Calma, João, eles já foram derrubados, acabou. – falou Jorge.

Luiz se aproximou de João. – Tudo bem, meu irmão, agora acabou. – Só neste momento é que João Alberto visualizou e reconheceu Luiz e o abraçou fortemente. – Calma, João, estamos juntos novamente.

Jorge determinou à sua equipe que recolhesse Lana e entrou em contato com Dr. Peixoto.

— Delegado, mande um pessoal aqui para recolher alguns elementos que estão estirados. Houve uma tentativa de assalto no restaurante do Chicão. Já terminamos tudo por aqui.

— E está tudo bem, algum ferido?

— Sim. O Chicão foi ferido, mas, por sorte, a bala atravessou o ombro. Já contivemos a sangria, vai sobreviver. A vaca que dava leite a todos os bezerros, inclusive, este que está ao seu lado, também foi derrubada, mas não esquenta com ela, receberá o atendimento veterinário que merece e vai sobreviver para pagar suas contas. Ah! Quanto a este bezerro que está aí, é todo seu. Depois que terminar, não esqueça de me mandar o couro.

— Pode deixar, estou mandando uma viatura para aguardar minha chegada e quando eu acabar de me divertir por aqui, te entrego o que sobrar.

João Alberto se afastou de seu irmão e foi ao encontro de Paula.

— Você está bem? – questionou João Alberto a Paula.

— Assustada, mas bem. Agora que tenho certeza que está tudo bem como meu pai e que aquela vaca está presa, estou mais calma. (Chicão estava recebendo os devidos cuidados de um dos agentes, o qual era médico cirurgião, antes de ingressar na Interpol.)

— Luiz, entregue a arma que estava com o João para a Sueli. – ordenou Jorge. – Sueli, limpe a arma e dê outro tiro. – falou Jorge.

— Pode ser na cabeça desta vaca? – perguntou Sueli, apontando a arma para Lana.

— Não estrague tudo, Sueli, eu também estou com a mesma vontade, mas isso será muito simples para ela, acho melhor que ela apodreça na cadeia.

— Tem razão, chefe, mas não me falta vontade. – respondeu Sueli e atirou contra a parede, como se tivesse errado o tiro em Lana.

— Aguarde o delegado, fale a ele que mais tarde acompanho Chicão e Paula na delegacia, depois faça o relatório do que aconteceu aqui. – determinou Jorge à agente.

— Ok, chefe.

— Vamos embora, coloquem este lixo no carro e levem para o mesmo local dos outros. Já vou solicitar os transportes necessários para que todos cheguem a Londres e de lá não saiam. – falou Jorge, e continuou: — Vicente, vá buscar Antônio e Simone, nos encontre na fazenda.

Vicente saiu sem se despedir de ninguém. Não via a hora de reencontrar Simone.

Todos embarcaram nos diversos carros que estavam estacionados, permanecendo, somente o carro utilizado por Lana e seus dois comparsas. Paula encostou sua cabeça no peito de João Alberto, no banco de trás do carro em que estavam Luiz e Julia. – João, a propósito, esta é Julia, minha futura esposa. – apresentou Luiz. Julia olhou para ele e sorriu. – Julia, este é o meu irmão João e a Paula.

Julia virou-se para trás e cumprimentou ambos.

— Muito prazer, Julia. – responderam os jovens.

— Mas eu não entendi nada, Luiz, o que vocês estavam fazendo no restaurante do Chicão? Não sabia que você estava vindo para cá. Você não tem noção de tudo que aconteceu aqui, meu irmão, foi uma loucura.

— É uma história muito longa, João, mas prometo que tudo será esclarecido em casa, quando tivermos tempo. Mas realmente você tem razão, foi uma loucura. Nunca imaginei que um dia tiraria uma arma de sua mão, ainda mais depois de disparada contra alguém. – respondeu Luiz, e neste momento, Julia lhe deu um cutucão discreto e olhou feio, não era o momento de falarem sobre todo o ocorrido, ainda mais sobre o tiro que João Alberto desferiu em Lana.

João Alberto nada respondeu, para o alívio de Luiz, que percebeu que havia argumentado o assunto em momento errado.

Todos se encaminharam para a fazenda, inclusive o delegado, Vicente, Antônio e Simone, Jorge e Sueli.

Ao chegarem ao casarão, Dr. André, como de costume, estava esperando na varanda e ao seu lado Mercedes, extremamente preocupada. Queria ter a certeza de que todos estavam bem.

Quando Dr. André viu Luiz e João saírem do carro, não aguentou de tanta emoção e alívio. Desceu correndo as escadas e foi ao encontro de seus dois filhos amados, abraçando-os e beijando-os e chorava como criança ao perder o seu doce preferido.

— Meus filhos, graças a Deus estão bem. Vocês não sabem o que passei nestas horas de apreensão. Eu e Mercedes caímos em oração contínua, mas Deus é Pai, e aqui ao meu lado vocês estão. – falou Dr. André, em prantos.

— Tudo bem, meu pai, estamos bem, vivos e sem ferimentos, vamos subir... a propósito papai, esta é Julia, minha noiva.

— Me perdoe, minha jovem, muito prazer. Seja bem-vinda e espero que não tenha uma má impressão, aqui é muito mais calmo do que está aparecendo. Vamos subir, por favor, Mercedes vai, certamente, preparar algo para todos vocês.

Dr. André permaneceu no pátio aguardando a chegada de todos, foi cumprimentando um a um. Poucas horas depois, Vicente chegou com Antônio e Simone.

Quando Dr. André viu Antônio e Simone, novamente, não se aguentou e começou a chorar ao abraçar o velho amigo e funcionário. Beijou o rosto de Simone como se fosse de uma filha, cumprimentou Vicente com um forte abraço, com quem formou laços sinceros de amizade, apesar de não manterem um contato mais próximo.

Enquanto todos chegavam, Mercedes estava com outras funcionárias da fazenda que a auxiliavam nas tarefas da cozinha, quando necessário, pois teria que preparar o almoço. No entanto, Mercedes deixou todas funcionárias orientadas em seus afazeres e se retirou da cozinha e foi para o seu quarto, onde havia, em um dos cantos, um móvel com imagens de santos e velas acesas. Ajoelhou-se e começou a orar em agradecimento, chorando compulsivamente.

Pouco tempo antes de Mercedes terminar suas orações, Dr. André entrou no quarto, sem dizer uma palavra, ajoelhou-se ao lado de Mercedes e também se pôs a orar fervorosamente, em agradecimento por tudo ter terminado bem. Mercedes ficou feliz com a presença de Dr. André, segurou em sua mão e sorriu.

João Alberto orientou a uma das funcionárias que estava no casarão para tirar tudo que fosse de Lana do quarto, trocar todas as roupas de cama e banho, limpar e desinfetar bem o ambiente. Não queria mais nada que remetesse a qualquer lembrança daquela mulher naquela casa. Chamou outra funcionária e pediu para chamar Jeremias, que recebeu ordens de preparar tudo para um churrasco grandioso que seria realizado no primeiro sábado.

Embora Luiz estivesse muito tempo longe de casa, Dr. André sempre manteve o quarto de Luiz da mesma forma, e, chegando em casa, Luiz foi para o quarto com Julia. Deixaram suas bagagens e Luiz mostrou a casa à Julia, que ficou encantada.

Jorge chegou com Sueli e Chicão, que havia recebido os curativos necessários e a alta médica. Ao ver que o pai estava bem, Paula correu ao seu encontro. Abraçou o pai e ambos começaram a chorar de alegria.

Dr. André foi ao encontro de Jorge e o abraçou como se fosse um filho. Não tinha palavras para agradecer todo o empenho daquele agente. – Jorge, me permita de chamá-lo de meu filho. Não tenho palavras para expressar a minha gratidão por tudo que você e sua equipe fizeram por todos nós, mas acredite, vocês conquistaram não somente amigos verdadeiros, como uma nova família. O que precisarem de mim e só me falar.

— Dr. André, eu agradeço e sei que o senhor está expressando a verdade de seu coração, o que me honra muito. Pessoas como o senhor e sua família são difíceis de encontrar e fico muito feliz em poder ser chamado de filho e fazer parte desta família. Mas, na verdade, somente cumprimos a nossa obrigação e se formos analisar friamente, eu é que tenho que agradecer a todos vocês. Estava atrás destes vermes há muito tempo e agora estão todos em outra dimensão ou presos e o melhor, tivemos a oportunidade de prender a chefe de toda organização.

— Como assim a chefe? – questionou Dr. André – Não era o McGregor o chefe?

— Se o senhor me permitir, gostaria de reunir a todos que, de uma forma ou de outra participaram de tudo. Preciso esclarecer todo o ocorrido. Sugiro que aguardemos o almoço, assim, poderei falar a todos, inclusive, o Dr. Peixoto está vindo para cá e poderá me ajudar.

— Está certo, Jorge, vai ser melhor assim. Uma notícia destas será difícil de digerir, então, é melhor que seja acompanhada com as refeições preparadas pela Mercedes, vai ser mais fácil engolir.

Quando Dr. Peixoto chegou, encontrou Jorge e Dr. André na varanda e abraçou os dois.

— Então, delegado, o que fez com aquele verme traidor? – questionou Jorge.

— Ele foi levado para um passeio rural e acabou sofrendo pequeno acidente. Uma pena, está com o rosto todo desfigurado, duas pernas e algumas costelas quebradas, mas vai sobreviver. – explicou o delegado.

Por volta de 30 minutos depois desta conversa, estavam presentes na sala de jantar, Jorge, Sueli, Raul, Vicente, Dr. André, João Alberto, Luiz, Julia, Paula, Chicão, Antônio, Simone, Delegado Peixoto e Mercedes.

Jorge iniciou a conversa:

— Graças a Deus tudo correu bem, com exceção ao Chicão, que recebeu uma recordação, mas está bem, ninguém mais está ferido. — Algum tempo atrás recebi uma ligação do meu amigo Delegado Peixoto, me pedindo ajuda em um caso que estava se mostrando muito complicado e cheio de vertentes. Mas mal sabia ele que, mesmo sem querer, me trouxe novas pistas de uma organização muito perigosa que atuava internacionalmente. Com isso, vim para cá e iniciamos tudo que era necessário no afã de desmontar esta organização e prender os responsáveis e, graças a Deus, tudo deu certo. Agora vou passar para vocês algumas informações, para elucidar dúvidas, porém, terei que me limitar ao que posso falar.

E continuou:

— Vamos pelo início. A mulher que vocês conheceram como Lana é a líder desta organização criminosa, espalhada por vários países, principalmente no continente africano. Eles obtinham, através de governantes de países corruptos, informações privilegiadas de terras que continham minérios a serem explorados. Na maioria das vezes, os possuidores das terras sequer tinham conhecimento de sua existência, então, iniciavam todo um projeto criminoso para adquirirem estas terras por um preço vil.

— Entre estas terras, descobriram que aqui, nesta região, se concentra uma grande quantidade de minério de titânio, sendo que a fazenda São Jerônimo está bem no centro e se espalha por outras fazendas da região. Por isso que Lana resolveu aparecer por aqui e dar início ao seu plano de ocupação.

— Não houve qualquer acidente como Lana fez parecer. Ela forjou toda a situação para poder se aproximar. Tinha conhecimento da vida de todos da fazenda, principalmente do Dr. André, João Alberto e do Luiz, assim, poderia se aproximar com maior facilidade se conquistasse João Alberto, quando ela deu início ao seu plano.

— Luiz deveria permanecer longe deste país e dos negócios da família. Foi quando o tal de Sr. McGregor, ou Gregório, como se apresentou a vocês, entrou em ação, contratando os serviços do Luiz, prendendo-o em sua teia de armações.

— Lana jamais se formou em veterinária, tudo que fazia era através de orientação de sua equipe, inclusive de um veterinário egípcio que também foi preso.

— O Sr. McGregor era o facilitador e agenciador da corporação criminosa, uma vez que ele tinha acesso aos mais diversos governos nestes continentes, um grande tráfego e influência em virtude de ser uma pessoa de posses oriundas de heranças e corrupção.

— Lana foi adotada pelo velho McGregor ainda quando criança. Verificando que possuía todos os atributos necessários, ofereceu a ela uma educação ímpar e treinamentos. Com o tempo, Lana foi se destacando por ser uma pessoa muito inteligente, dissimulada e fria, e com isso, assumiu a organização. Era ela quem elaborava todos os planos minuciosamente, inclusive, quem deveria viver ou morrer, dentro dos projetos.

— Diante das investigações, descobrimos também que haviam agentes de polícia internacional e um da polícia local que estavam envolvidos, diretamente, com a organização criminosa. Todos também foram identificados e presos. Inclusive, um deles foi preso pelo próprio Dr. Peixoto, que poderá nos revelar o que aconteceu, com mais detalhes.

Dr. Peixoto tomou a palavra.

— Diante das investigações efetuadas pela equipe do Jorge, descobrimos a existência de um maldito traidor em nossa delegacia, que detinha informações privilegiadas de tudo que ocorria na delegacia e nesta cidade e que acabou por se vender a esta organização, fazendo o tráfego de informações. O escrivão Marcelo, o qual, a mando da organização, deu cabo à vida do Investigador Carlos, que havia descoberto a infiltração da organização através do Marcelo e estava se aproximando de Lana.

— Ao contrário de nossas desconfianças, Carlos foi dopado na própria delegacia, pelo Marcelo, através de uma droga com efeito lento, sendo que a mesma chegou ao seu pico pouco depois do último contato entre ele e o João Alberto. Assim que João Alberto deixou Carlos, que estavam sendo seguidos pelo Marcelo, este colocou a cabo a morte de Carlos e por ser da polícia, achou que conseguiria dar fim a qualquer prova que aparecesse, mesmo porque teria acesso a todas. Uma das provas que o

Marcelo não teve acesso foi a pulseira de ouro que mostrei ao André, a qual, depois dos exames, tivemos a certeza que pertencia ao Marcelo.

— Dr. Peixoto, há algum tempo, estava próximo à lagoa da Cachoeira do Machado, quando ouvi vozes de três pessoas, sendo que uma delas, agora tenho certeza que era de Lana, mas não consegui descobrir quem eram os outros dois homens. No início até suspeitei que eram meu pai e o senhor. – falou João Alberto.

— Certamente não éramos nós. Desconfio que, naquele momento, Marcelo e outro capanga de Lana, estavam conversando com ela e recebendo instruções.

— Continuando – falou Jorge – Lana, em sequência aos seus planos, passou a perseguir Antônio, pois através dele teria maior influência com o Dr. André, uma vez que já sabia da amizade entre os dois, atacando de dois lados, uma pelo João Alberto e outra pelo Antônio. No entanto, este plano não rendeu o esperado, pois tanto Antônio como João Alberto não cederam às tentativas de Lana, e ainda houveram agravantes.

— Antônio sempre foi muito fiel à amizade com o Dr. André e, João Alberto não estava cedendo aos seus encantos da forma que ela pensou que seria e ainda teve a participação de Paula, que mesmo não tendo qualquer conhecimento dos planos, acabou por se intrometer, passando a ser uma espécie de barreira entre ela e João Alberto. Assim, para a segurança do Antônio e de Simone, tivemos que tirá-los da fazenda.

— Por sua vez, a permanência de Dr. André e João Alberto era necessária, pois não tínhamos provas suficientemente concretas para colocar Lana na cadeia. Então, tivemos que nos instalar por aqui para garantir o prosseguimento de nossas investigações e proteger a todos.

— Dr. André e João, agora chegou a hora de apresentar Julia a vocês, de forma oficial e esclarecer a participação de Luiz neste caso em concreto. - prosseguiu Jorge. – Julia é agente da polícia internacional, está conosco desde o início da operação para desmantelar a organização criminosa. De forma disfarçada, se aproximou de McGregor e se tornou, como se fosse o braço direito dele. Através dela chegamos ao Luiz, que também estava envolvido com o McGregor, como uma espécie de negociador. O Luiz concordou em nos ajudar e passou a fazer parte de minha equipe. Recebeu o treinamento necessário e foi aprovado com louvor, passando a atuar disfarçado. Mas somente veio a ter conhecimento de que Julia também era da nossa equipe agora, e nos ajudou muito a adquirir provas, através das informações prestadas, mesmo colocando em risco sua própria vida. Ainda mais depois que tomou conhecimento que vocês poderiam estar em risco.

— O restante da equipe vocês já conhecem. E, para finalizar, temos que todos os integrantes da organização que temos conhecimento, ou estão mortos ou sendo enviados para Londres, onde responderão por inúmeros crimes internacionais e acreditamos que sem qualquer chance de outra decisão que não seja uma condenação em penas altíssimas.

— Portanto, somente tenho a agradecer a todos vocês que nos ajudaram a dissolver este antro de criminosos internacionais. – Encerrou Jorge.

Todos respiraram aliviados e aplaudiram as explicações de Jorge.

— Bom, minha gente. o mais importante é que estamos todos aqui, reunidos e com saúde. Deus Pai nos protegeu, através do meu amigo Peixoto, enviando estes anjos, Jorge, Vicente, Raul e Sueli, e, desta vez, acredito que falo em nome de todos os demais, obrigado por tudo que fizeram por nós. Eu, pessoalmente, tenho ainda mais a agradecer, já que você (falou Dr. André olhando para o Jorge) e sua equipe, ainda resgataram o meu filho Luiz de uma estrada tortuosa e trouxeram-no de volta. Por tudo que é mais sagrado eu agradeço, de coração, um coração de um pai velho e cansado, mas agora, renovado. Obrigado.

— Então, gente, acho que tudo já foi esclarecido e, antes que comece a sessão chororô, vamos brindar a tudo isso e almoçar. Eu estou ficando tonto de fome (risos). – falou Luiz.

Todos concordaram, brindaram e almoçaram.

— Acabei de ficar sabendo pelo João que no sábado faremos um grande churrasco e quero a presença de todos, principalmente sua, Jorge, e de toda sua equipe. Não aceito não como resposta. — anunciou Dr. André.

— Claro, Dr. André, depois de tudo isso, nada como um churrasco para renovar as energias, estaremos presentes. – respondeu Jorge.

Dr. André abraçou calorosamente, novamente, seus dois filhos.

Ao saírem, Vicente acompanhou Simone e Antônio, não desgrudando da jovem em momento algum, mesmo porque ela também não deixava. Antônio ficou feliz em ver a proximidade dos jovens.

Paula ficou o tempo todo ao lado de seu pai, mas não tirava os olhos de João Alberto que, sempre que possível se aproximava e demonstrava carinho e afeto por ela, o que também alegrou o coração do amigo Chicão.

Luiz e Julia não se desgrudavam.

Após o almoço e muita conversa, cada um tomou seu rumo, indo cuidar de seus afazeres, com exceção de Julia, que foi para o quarto descansar.

Dr. André e seus filhos resolveram percorrer a fazenda, a cavalo, atendendo ao pedido de Luiz.

CAPÍTULO 32

Resolvendo todas as pendências

— É muito bom estar de volta. Vocês não têm noção, há muito tempo pretendia voltar, mas, como o Jorge explicou, me envolvi em algumas coisas erradas, como sempre fazia. Mas, através destes meus erros que consegui me reencontrar e começar a fazer a coisa certa. – Luiz, olhando para seu pai e irmão, enquanto cavalgavam, iniciou a conversa.

— Fico feliz em saber, meu filho, que você criou juízo, finalmente, mas não precisava ser de uma forma tão radical e perigosa. – respondeu Dr. André.

— O importante, papai, é que Luiz está de volta, conosco, e pelo visto já encontrou seu par perfeito (risos). Me pareceu uma excelente pessoa, além de linda. – falou João Alberto.

— Ela é sensacional, João, você não está enganado não. Desta vez, tenho certeza que encontrei a pessoa certa para seguir o meu destino. Com certeza ela não vai deixar eu fazer mais bobagens, ao menos, não as mesmas de antes. – Luiz sorriu.

— Espero que sim, meu filho. E você João, parece que também encontrou alguém, mais próxima do que você poderia imaginar? – indagou Dr. André.

— Parece que sim, papai, principalmente agora que sei que Luiz encontrou sua cara metade. – respondeu João.

— Vai fundo, meu irmão, se for isso que lhe trará acalanto ao coração. Realmente, por muitos anos fui apaixonado pela Paulinha, mas isso foi coisa de adolescente e ela nunca compartilhou do sentimento que eu nutria por ela. Exatamente porque sempre foi apaixonada por você. Acho justo vocês se entenderem, afinal, você também sempre olhou de forma diferente para ela e, embora você tenha acreditado este tempo todo que eu não sabia, diante do meu egocentrismo, nunca liguei para os seus sentimentos ou os dela. Sempre achei que, ou seria minha ou de mais ninguém, principalmente sua, e por isso te peço perdão, meu irmão.

— Deixa de bobeira Luiz, agora isto faz parte do passado, o negócio é buscarmos a felicidade. – respondeu João, com um sorriso largo no rosto. – Mas o que o senhor acha, papai, o Chicão irá aceitar?

— Claro, meu filho, o Chicão tem vocês como filhos também. Tenho certeza que isto lhe trará muita alegria, principalmente por ver a felicidade atordoante no rosto de Paulinha. Qual pai não quer ver os filhos felizes?

Os três continuaram cavalgando bem devagar, como se esperassem que o dia jamais acabasse. Conversaram sobre muitas coisas, principalmente, tudo o que ocorreu com eles durante este período. Ficaram abismados com as mudanças que Luiz experimentou e que lhe trouxeram grande conhecimento sobre as coisas da vida, o certo e o errado e suas perspectivas futuras.

Resolveram ir para a Cachoeira do Machado, onde costumavam ficar quando crianças, sob os cuidados de Dona Lurdes e Dr. André. Deixaram os cavalos beberem água e pastarem um pouco e sentaram-se próximo ao lago, como era de costume.

Permaneceram em silêncio por alguns minutos, quando Luiz resolveu narrar um fato ocorrido a algum tempo, o que lhe ajudou a mudar de vida.

— Preciso contar um segredo a vocês. Só peço que prestem atenção e não riam de mim. Pode até parecer bobeira, mas juro por tudo que é mais sagrado que tenho certeza que isso aconteceu. Como o Jorge falou, eu estava envolvido com coisas e pessoas erradas, estava muito bem financeiramente, frequentava os melhores lugares, mais badalados da Europa. Mulheres lindas ficavam atrás de mim, melhores roupas, bebidas, restaurantes, mas nada disso me satisfazia, sempre sentia um vazio.

E continuou:

— Montei o meu escritório com o propósito de iniciar meus préstimos como advogado e até que não estava indo mal, mas a ambição me movia. Foi quando conheci o Sr. McGregor, em um restaurante londrino onde somente pessoas com muito dinheiro frequentam. E entre estas pessoas, encontramos todos os tipos, inclusive banqueiros e bandidos.

— Ele me pediu um cartão e poucos dias depois apareceu no meu escritório me fazendo uma proposta irrecusável. Sem pensar muito, acabei aceitando, onde foi meu erro, pois somente via os cifrões que entrariam e como poderia aumentar o alcance do meu escritório entre os mais ricos do país e da Europa, através dos contatos do próprio Sr. McGregor, e não me preocupei em saber, efetivamente, o que teria que fazer. Foi assim que conheci a Julia, que usava, naquela época, o falso nome de Madeleine. No início até pensei que ela fosse um caso do Sr. McGregor, mas mesmo assim, acabei me apaixonando por ela e passamos a manter encontros escondidos.

— Em uma ocasião, a Julia esteve no meu escritório para me levar ao encontro do Sr. McGregor, já que, até aquele momento, com exceção da primeira, todas reuniões eram no escritório, mas sempre com pessoas que ele mandava. Então ela me levou até a mansão, onde ele me enviou para o continente Africano, para tentar convencer alguns proprietários de terras a vendê-las por um preço baixíssimo. Os que se negavam, acabavam sofrendo nas mãos dos bandidos que trabalhavam para o velho McGregor.

— Na primeira noite que estava em um hotel no Cairo, acabei sentindo muito sono. Achei estranho, pois ainda era muito cedo, mas não consegui resistir e acabei cochilando em uma poltrona no meu quarto. De repente, acordei sentindo uma mão me acariciando a cabeça e me assustei. Quando abri os olhos, era a mamãe. – Luiz teve seus olhos mareados, Dr. André e João Alberto permaneceram em silêncio.

— Ela apareceu na minha frente, com aquele sorriso que conhecemos muito bem. No início me assustei, mas alguma coisa me acalmou. Senti uma paz no coração como há muito tempo não sentia. Tentei falar, mas a voz não saía e comecei a chorar. A mamãe passou a mão novamente em minha cabeça, com toda delicadeza do tempo em que eu era criança, sorriu e me falou:

— Amado filho, peço perdão por não ter podido acompanhar, ao seu lado, toda sua trajetória e ampará-lo fisicamente nos momentos difíceis, mas saiba que jamais lhe abandonei. Sempre estive e estarei ao lado de todos vocês. Graças a Deus Pai Misericordioso, recebi esta oportunidade de vir falar com você. Estou muito preocupada com o rumo que você está dando à sua vida. Você sabe que não está trilhando os caminhos pelos quais eu e seu pai sempre ensinamos e isso poderá ser sua ruína física e espiritual.

E prosseguiu:

— Cabe a você traçar o seu destino. Lembre-se que todos receberam a graça Divina do livre arbítrio, onde tomamos nossas decisões e arcamos com os resultados e você está trilhando um caminho que, se não mudar o rumo agora, dificilmente conseguirá fazê-lo mais tarde. Jamais esqueça de sua família e de tudo que tentamos lhe ensinar, para que você tenha paz, deve viver, primeiramente, em paz consigo mesmo. Confio em você, meu filho amado, confio que acordará para a realidade da vida e mudará o seu destino. Que Deus Pai lhe proteja dos inimigos e, principalmente, de você mesmo. Te amo hoje e sempre.

— Ao ouvir estas palavras de mamãe e senti-la ao meu lado, acabei entrando em um choro compulsivo e quando me dei conta, ela já não mais estava ali. Mas acredito por tudo que é mais sagrado que ela esteve comigo naquele momento e isso é que me deu forças para iniciar as mudanças necessárias em minha vida, sendo que, na manhã seguinte, recebi a visita do Jorge, o qual entrou no meu quarto como se fosse outro fantasma. Depois de algum conversa, Jorge me convenceu, sem muita dificuldade, a ajudá-lo.

— Assim, permaneci na organização e fiz mais algumas viagens para o continente africano, para os mesmos serviços, mas tudo que ocorria era relatado ao Jorge e sua equipe.

Dr. André e João Alberto olhavam fixamente para Luiz, pensando, principalmente, na narrativa que fez do encontro com Dona Lurdes. Os dois acreditavam nesta possibilidade e embora não fossem adeptos fervorosos de nenhuma religião, mantinham suas crenças, principalmente quanto à espiritualidade, sendo esta uma das fontes de estudo do Dr. André e sempre que possível repassava alguns livros para João Alberto e Luiz, que também os liam, mas jamais chegaram a conversar sobre o assunto, pois Dr. Alberto sempre ensinou que a crença é de cada um e que não existe religião certa ou errada, que cada um de nós é a própria igreja de Deus.

Um dos ensinamentos mais utilizados por Dr. Alberto era de que não adianta se dizer um homem temente a Deus ou se declarar servo do Divino se as suas ações e pensamentos não contemplam tal natureza.

— Luiz, eu acredito no que você acaba de contar e também sinto que, embora a mamãe não esteja mais neste plano terreno, através de um corpo físico, ela nos acompanha em todos momentos. Se alegra e entristece com nossos atos e pensamentos e estará sempre próxima, até que possamos nos reencontrar em algum lugar em outro plano. – falou João Alberto.

— Eu também penso assim, João. Nossa mãe, da forma que pode, me ajudou a sair daquela vida em trevas que havia me metido. Passei a entender muito do que li nos livros que o papai nos passou. Está certo que não concordo com tudo que li, mas essa não é a questão, afinal, como sempre aprendi com o papai, temos o livre arbítrio, o que nos dá o direito de questionar qualquer informação, mesmo aquelas que se encontram escritas em livros considerados sagrados, como a bíblia.

Dr. André escutava atenciosamente o teor da conversa de seus filhos, sem se manifestar.

— Tem razão, mesmo porque, o compêndio da bíblia sagrada foi feito por homens, que escolheram os textos que mais lhe interessavam, deixando muitos textos fora, e, certamente, houveram muitas mudanças quantos aos textos originais, de forma a privilegiar pessoas e ou grupos interessados à época. No entanto, concordo quanto ao que papai sempre nos falou, que Deus habita em cada um de nós, e nossos atos, omissões e pensamentos é que fazem com que nos aproximemos ou distanciemos do Criador.

— Meus filhos, estou adorando o teor da conversa de vocês, me sinto motivado a convidá-los para começarmos a nos reunir, sempre que possível, para conversarmos sobre estes assuntos. Tenho certeza que isso trará uma grande elevação para todos nós. No entanto, a fome está chegando e ainda temos muito que resolver para o churrasco de "ação de graças" que faremos no sábado, então, acho melhor voltarmos, antes que este velho pai tenha que ser carregado por vocês.... (risos).

— Tem razão, papai. Pensei em deixar a Julia sozinha para que ela possa ir se aproximando da Mercedes e do pessoal da casa, mas já está na hora de ir ver se está tudo bem com ela. Vai que a mulher cisma que eu a abandonei e resolve ir embora? (risos).

Os três montaram em seus cavalos e retornaram ao Casarão. Ao chegarem, verificaram que Julia e Mercedes estavam sentadas na varanda, não paravam de rir um só minuto.

— Eita, podemos participar deste momento mágico de alegria e descontração? – questionou João Alberto as duas que estavam eufóricas.

— Olá, meninos – respondeu Julia – estou me divertindo com a Mercedes, não paro de rir.

— Percebi, meu amor, mas qual é o teor da conversa para fazê-la rir tanto assim? – questionou, docemente, Luiz.

— Eu estava contando para a Julia algumas coisas que vocês dois aprontavam aqui enquanto eram crianças, coisinhas bobas. – respondeu Mercedes.

—Aff, Mercedes, você está entregando nossos podres? Vai que você acabe assustando a Julia com suas estórias e ela resolva sair correndo do Luiz? Não tenho mais disposição e idade para aguentar chiliques de solidão dele não. – falou João Alberto rindo, o que foi acompanhado por Luiz.

— Não se preocupem, fico encantada com as artes que as crianças aprontam. Acho que é natural, isso é saúde, é vida. Infelizmente as crianças de hoje estão cada vez mais se tornando adultas antes do tempo, perdendo esta inocência e alegria. Luiz, pode ter certeza que quando nossos filhos ou filhas nascerem, quero que tenham o maior contato possível com tudo isso, e que vocês ensinem todas as brincadeiras que faziam. – declarou Julia.

— Deus Pai, você já está pensando em filhos? – questionou Luiz, assustado.

— Não estou pensando não, Luiz, já é um fato. Era para ter te contado antes, mas com toda aquela pressão, não queria deixá-lo ainda mais preocupado. Sei que você não reparou, mas esta barriguinha um pouco sobressalente não é menstruação não. – respondeu Julia, com um sorriso no rosto que contagiou a todos.

Luiz perdeu qualquer possibilidade de reação, ficou olhando para Julia, os olhos marejaram, palavras não saíam de sua boca.

— Você está falando sério, Julia? Além de ganhar uma filha ainda terei um neto ou uma neta? – questionou, todo eufórico, Dr. André.

— Sim, Vovô, fico feliz por me considerar sua filha e o senhor será avô.

Luiz puxou Julia da cadeira, lhe abraçou em prantos, beijou-a, gritou, não conseguia se conter, todos estavam extremamente felizes com a notícia.

— João, vá pegar o melhor vinho de nossa adega me traga taças para todos. Este é um momento histórico em nossa família e temos que comemorar. – bradou Dr. André.

João atendeu imediatamente.

—Mas, meu amor, você tem certeza? Já fez os exames? Precisamos ir ao médico. Papai, o Dr. Cícero ainda está na cidade, será que conseguimos uma consulta com ele ainda hoje? – questionou Luiz todo aflito.

— Calma, Luiz, certeza eu tenho, não fiz o exame, mas a Mercedes já confirmou minha gestação, e acredito nela. E ainda tem mais, a novidade é dupla, pelo que disse Mercedes. – afirmou Julia.

— Como assim novidade dupla? Você não está querendo dizer que são dois, está? – questionou, assustando, Luiz.

— Não estou querendo dizer nada, já disse. Também estou ansiosa para fazer os exames, mas como disse, Mercedes, ao me ver, percebeu que estava grávida, antes de qualquer pessoa, confirmando minhas desconfianças e ela tem o dom, eu sei e confio no que ela falou. Agora só falta ela acertar o sexo dos bebês que estão aqui (falou Julia, passando a mão em sua barriga).

Dr. André não acreditava no que estava ouvindo. A chuva de bênçãos derramada em sua casa, naquele momento, era maior do que tudo que poderia imaginar, a alegria era inebriante. Dr. André abraçou Julia e Luiz e se pôs a chorar de tanta felicidade.

Quando se acalmou com a chegada de João Alberto com duas garrafas de vinho tinto, os melhores da seleta adega, Dr. Alberto pegou seu telefone e entrou em contato com o Dr. Cícero:

— Bom dia, meu amigo! Preciso de seus préstimos. – solicitou Dr. André.

— Claro meu amigo, mas aconteceu algo grave? Me dê alguns minutos que estarei aí. – respondeu Dr. Cícero.

— Calma, Cícero, não é para tanto – respondeu Dr. André, externando voz de felicidade – só preciso que você agende uma consulta para minha filha Julia, o Luiz irá acompanhá-la.

— Como assim sua filha Julia? Não sabia que você tinha uma filha. Andou aprontando, André? E o Luiz, também não sabia que tinha vindo para cá, preciso me inteirar mais dos acontecimentos. – respondeu Dr. Cícero com alegria, contagiado pela voz do amigo André.

— Sim, Cícero, ela vai se casar com o Luiz. Eles chegaram a pouco e já com uma notícia que acabamos de receber da Julia. Você poderia atendê-la?

— Com certeza, André, você sabe que você manda e eu obedeço, meu irmão. Peça para eles irem à Santa Casa no final da tarde. Eu os encontrarei lá, mas pela sua voz, acho que já sei o porquê dá consulta.

— É isso mesmo, Cícero. Apesar da certeza dela quanto ao fato, teve a confirmação de Mercedes. Precisamos ver se está tudo bem, conto com você para acompanhar todos os estágios.

— Pode ficar tranquilo. Estarei aguardando a presença deles, e, meu irmão, meus parabéns, antecipado, já que, se a Mercedes confirmou, quem sou eu para discutir? Depois passo aí para participar da comemoração com vocês, pois sei que agora teremos festas frequentes.... (Dr. Cícero riu, externando a alegria do amigo Dr. André).

— Com certeza Cícero, com certeza, obrigado, eles irão ainda hoje.

Desligou o telefone. João Alberto estava abraçado com Luiz e Julia, também não se aguentava de tanta felicidade.

Mercedes, que a tudo escutava sem se pronunciar, mas com o coração cheio de alegria, também não aguentou e começou a chorar.

— Venha cá, Mercedes. – falou Dr. André, indo em encontro a Mercedes e abraçando-a carinhosamente. - Pode chorar à vontade, pois sei que seu choro também é de alegria, afinal, você sempre foi uma mãe para eles. Sempre foi a melhor amiga da Lurdes e minha melhor amiga, assim, os meus filhos sempre foram também seus filhos e desta forma, os meus netos também serão seus netos.

Todos admiraram as palavras de afeto de Dr. André para Mercedes e sorriram, acabando em um lindo abraço coletivo.

— Agora, Mercedes, peça para arrumarem a mesa grande para o almoço e que chamem o Jorge, Raul, Sueli, Vicente e o Antônio. Também quero que você e a Simone estejam conosco à mesa.

— É pra já, Dr. André. –respondeu Mercedes.

Pouco tempo depois, estavam todos à mesa, como queria Dr. André. Ele se levantou e iniciou um breve discurso.

— Depois de tanta turbulência, Deus está no cobrindo de bênçãos. A minha família aumentou muito. Além dos meus filhos e de Antônio, Mercedes e Simone que sempre foram da família, agora contamos com vocês, Jorge, Raul, Sueli, Vicente e Julia. Jorge. Sei que o dever chama você e sua equipe, mas gostaria de pedir que ficassem mais um tempo conosco. Temos muitos quartos e será uma grande honra e alegria tê-los aqui pelo tempo que desejarem e puderem.

— Obrigado, Dr. André, este período em que tivemos o prazer de compartilhar com vocês dentro desta casa, nos trouxe extrema alegria e nos uniu. Inclusive, todos nós merecemos um período de férias. Infelizmente, não poderá ser longo, mas deixo todos à vontade para decidirem o que querem fazer. Eu, pessoalmente, aceito o convite e ficarei aqui mais alguns dias, desta vez, para poder desfrutar e descansar. Estou louco para dar um pulo na Cachoeira do Machado para me banhar. – falou Jorge.

Vicente foi o primeiro a se manifestar, após as palavras de Jorge.

— Chefe, não poderia esperar menos de você. Eu aceito o convite, só não sei se ficarei somente alguns dias, pois preciso resolver algumas coisas por aqui antes (falou olhando nos olhos de Simone), mas aceito o convite com muita alegria.

— Vicente, você pode ficar em casa, não é, Simone? (questionou Antônio, já certo de qual seria a resposta de sua filha).

— Claro, pai. (respondeu a jovem, envergonhada).

— Eu agradeço o convite, mas não sei até quando poderei ficar. Por favor, Dr. André, não me entenda mal, mas também tenho algumas pendências que deixei no passado e que preciso resolver (Raul falou olhando para Sueli, como se a mensagem fosse diretamente a ela).

— Eu também agradeço o convite, Dr. André. Também ficarei até que o Raul consiga resolver, de uma vez por todas, as pendências que diz ter deixado no passado (Sueli também respondeu olhando para Raul, que ficou rosado).

Todos riram.

— Bom, agora eu peço que seja feito um brinde. Isso, um brinde, primeiramente a Deus, que nos guardou e protegeu, através de seus anjos celestiais e destes anjos terrenos que nos enviou e que passam a fazer parte de nossa família. Que Deus nos conceda o privilégio de manter esta felicidade em nosso lar e nossos corações por todos os dias de nossas vidas e terceiro, pela vinda de mais integrantes da família, através da Julia e do Luiz. – Dr. André encerrou seu discurso, todos brindaram euforicamente.

No início da tarde, Luiz e Julia se dirigiram para o carro para a consulta com o Dr. Cícero, quando viram que Dr. André e João Alberto estavam aguardando.

— Estamos indo na consulta com o Dr. Cícero. – falou Luiz.

— Eu sei, meu filho, por isso estamos aqui. Você não achava que eu e seu irmão não iríamos acompanha-los, não é?

Julia sorriu. – Que ótimo, então vamos todos.

Ao saírem da consulta, por sugestão de João Alberto, resolveram passar no restaurante do Chicão, mesmo sabendo que, provavelmente, estaria fechado. Embora Jorge tenha determinado que a perícia fosse feita de forma célere, como aconteceu, Chicão preferiu não abrir o restaurante naquele dia, com a concordância de Paula.

Estacionaram o carro atrás do restaurante, onde era a residência de Chicão e Paula. O Dr. André chamou por Chicão, sendo atendido, em instantes, por Paula.

— Olá, Paulinha, viemos fazer uma visita ao seu pai. E você? Como está?

— Olá, Dr. André. Por favor, entrem, meu pai vai ficar muito feliz com a visita de vocês. Eu estou melhor, consegui descansar um pouco. O único problema é que não estou muito bem do estômago, estou me sentindo meio enjoada, mas deve ser por tudo que passamos. – falou Paula.

— Não via a hora de estar com você, Paulinha. Me desculpe por não ter vindo antes, mas pensei em deixar vocês descansarem e fiz o mesmo. E o Chicão, como está?

— Não se preocupe, João, foi melhor assim. Meu pai está bem, um tanto dengoso, mas você sabe como ele é, atrás daquele ogro tem um homem de coração mole feito geleia.

— Que história é essa de não estar bem? Acabamos de ir em uma consulta com o Dr. Cícero, meu pai marcou para a Julia, se você quiser ir agora eu te levo lá. – falou João Alberto.

— Não se preocupe João, deve ser mesmo somente um mal-estar, vai passar.

Eles se abraçaram e beijaram novamente, entrando logo em seguida.

— E aí, Chicão, como se sente como herói? – questionou Dr. André em tom de brincadeira.

— Herói, estou mais para um rato (respondeu Chicão, rindo), me borrei todo depois que levei o tiro.

Dr. André riu muito.

— Ninguém precisa saber, Chicão, este será o nosso segredo (todos riram). Para todos os efeitos, você se colocou na frente da arma para proteger a todos, como um verdadeiro herói. – falou Luiz.

— Concordo, Luiz. Tenho até uma sugestão, mudar o nome do restaurante para Restaurante do Herói Chicão, o que acham? – brincou João Alberto e todos riram.

— Eu gostei, amanhã mesmo vou mandar fazer outra placa. – falou Paula.

— Deixa de besteira, Paulinha. – falou Chicão, com voz firme. – Mas até que ficaria legal, né? Restaurante dos Heróis. Pode tirar o Chicão, afinal, houveram muitos heróis, não é, João?

— Deixa pra lá, Chicão, concordo com Restaurante dos Heróis. Vai ser bastante chamativo. – respondeu João Alberto.

— Sei que não deveria, por recomendação médica, mas estou me sentindo ótimo, vamos todos para o Restaurante dos Heróis, brindar este encontro de alegria e paz. – Determinou Chicão e ninguém teve coragem de contradizê-lo, nem mesmo Paula.

Após a reunião no restaurante, voltaram para casa. Luiz e Julia foram diretamente para o quarto.

— Meu amor, tem uma coisa que eu gostaria de conversar com você. – falou Luiz. – o que aconteceu naquela noite que te encontrei no hotel deitada e depois, acordei em casa com um bilhete e as fotos, você toda ensanguentada, em cima da cama do hotel?

— Eu também não sabia de nada, mas eles estavam desconfiados de que você poderia estar os traindo, mas você ainda era importante para os planos de McGregor e da Lana. Realmente eu queria te encontrar lá e te contar tudo que estava acontecendo, mas de alguma forma, descobriram que iríamos nos encontrar e, quando cheguei no quarto do hotel, alguém me imobilizou por trás e colocou algo no meu nariz. Acabei desmaiando e quando acordei, também estava em meu quarto, ainda toda suja com uma tinta vermelha imitando sangue. Também deixaram um bilhete que dizia que eu estava sendo vigiada e se quisesse que você permanecesse vivo, era para não mais manter qualquer contato. Por isso que tive que deixar que acreditasse que tinham me matado.

— Você não sabe o quanto eu sofri. Queria matar aquele velho com minhas próprias mãos, mas fui orientado pelo Jorge para não fazer nada. Inclusive, foi ele quem me falou sobre a possibilidade de você estar viva e que seria melhor que eu me mantivesse afastado de você, até mesmo para que nada lhe acontecesse.

— Quantas vezes eu pensei em fazer o mesmo que você? Embora aquele velho asqueroso não gostasse sequer de contato com mulheres, o pouco que ele encostava em mim me dava nojo.

— Durante este tempo você não teve contato com a Lana?

— Não. Quando ingressei na organização, Lana não estava mais em Londres, percorria alguns países para iniciar seus projetos criminosos. Na verdade, o velho não adotou a Lana, os pais dela eram drogados e ela ficava perambulando pelas ruas de Amsterdã. Devia ter uns quatro anos quando McGregor a sequestrou e passou a criá-la e treiná-la. Deu a ela a melhor educação possível através de professores particulares. Ela aprendeu outras línguas com fluência, inclusive português e também recebeu treinamentos com guerrilheiros para o manuseio de armas de fogo e técnicas de ataque e defesa pessoal, preparo de venenos, alucinógenos e soníferos. Recebeu aulas de conquista e sexo com prostitutas de alta classe da sociedade londrina. O João deu muita sorte em não ser conquistado pela Lana, não sei como resistiu. Talvez tenha sido o que levou aquela vadia à loucura. Provavelmente foi a primeira vez que resistiram aos encantos dela, o que a deixou obcecada pelo seu irmão e isso fez com que ela se desvirtuasse dos planos originais, e por isso que o McGregor esteve aqui.

— Você tem toda razão, Julia. A rejeição do João deve ter transtornado a Lana. Também não sei como ele resistiu.

— O que? Quer dizer que ela também te interessou? – falou Julia com tom de irritação.

— Que nada, meu amor, ela jamais poderia suplantar o que sinto por você desde o dia em que lhe conheci... (risos).

— Sei, estou de olho no senhor, e tome cuidado, você vai ser pai de gêmeos. Não vai mais ter tempo para nada além de mim e das crianças.

— Verdade, e quem disse que eu quero ter tempo para outra coisa? – perguntou Luiz, sorrindo.

João Alberto encontrou seu pai no escritório.

— Com licença, papai, atrapalho?

— De forma alguma, meu filho, entre.

— Papai, estou com uma coisa em minha cabeça. Talvez ainda não seja a hora de conversar sobre isso, mas aquele fato de que, embaixo destas terras temos jazidas de minério de titânio, o que o senhor pretende fazer a respeito?

— Por enquanto nada, meu filho, porém, mais para frente, terei que contratar uma empresa de confiança para realizar as devidas análises.

— Mas o senhor pretende explorar este minério?

— A princípio não, não quero que nada mude por aqui, mas precisaremos saber até onde esta jazida não irá prejudicar plantações futuras e os animais. Deixarei isto para você e o Luiz resolverem.

— Papai, enquanto o senhor estiver por aqui, o que irá acontecer por muitos e muitos anos, a decisão final sempre será do senhor.

— Que assim seja, meu filho. Você não tem noção da minha alegria em ter vocês todos ao meu lado, mas sinto muita falta de sua mãe. Ela sempre foi a minha amiga, amante, companheira. Infelizmente Deus Pai resolveu tirá-la do nosso convívio, ao meu ver, precocemente, mas Ele sabe o que faz e a nós somente cabe aceitar.

— Eu imagino, papai, não deve ter sido nada fácil para o senhor, ter perdido a mamãe e criar os dois filhos sozinho.

— Não foi bem assim, nós tivemos a Mercedes conosco. Devo muito a ela e peço uma coisa a você e depois vou falar com seu irmão. Mercedes sempre foi companheira e amiga de sua mãe e depois permaneceu ao meu lado, firme e forte, me ajudando e aconselhando. Criou vocês como se fossem filhos dela, fez de tudo por esta família, inclusive, acredito que ela não se relacionou para poder se dedicar a isto. Então, caso eu me vá antes dela, como seria natural, quero que você me prometa que irá cuidar dela, que não deixará faltar nada e que sempre a tratará como uma mãe que ela, realmente, foi para vocês. Promete?

— O senhor não precisava nem pedir uma coisa destas papai, eu tenho pelo Mercedes a imagem de uma mãe que, como o senhor disse, ela sempre foi e intensificou ainda mais com a doença da mamãe e, sinceramente, acredito que o Luiz, do jeito dele, também sempre sentiu isso. Afinal, era para ela que ele corria cada vez que se machucava, não é?

Eles riram.

— Bom, papai, fico mais tranquilo, pois partilho do mesmo entendimento do senhor quanto a exploração de minérios. Não precisamos disto, mas pode deixar que eu mesmo vou atrás de uma empresa para fazer esta análise.

— Ótimo, filho, cuide disso, mas não tenha pressa. Até prefiro que você faça isso juntamente com o Luiz. Peça a ele para lhe ajudar quanto a análise do contrato, principalmente quanto às cláusulas de sigilo das informações.

— Mas não é o senhor que gosta de cuidar desta parte?

— Sim, mas Luiz precisa fazer alguma coisa por aqui, para que não pense em nos deixar novamente. Ademais, ele tem especialização em contratos e alguém terá que começar a assumir os meus clientes e processos. Estou pensando, sinceramente, em descansar um pouco e só trabalhar por hobby.

— Nada mais do que certo e merecido, meu pai, farei isso, depois vou conversar com o Luiz, pode deixar. Mas o senhor acha que ele vai ficar por aqui?

— Espero que sim, meu filho. Seria uma alegria para este velho pai ter a presença de seus filhos e netos ao meu lado, mas a decisão é dele e da Julia e irei respeitar qualquer que seja ela.

— Agora, mudando um pouco de assunto e não querendo entrar em sua intimidade, você sabe bem que não sou de fazer isso. Percebi que você e Paulinha estão de chamego. O negócio é sério ou é só reflexo do que aconteceu com vocês?

— Papai, na verdade, eu sempre gostei da Paulinha, desde a nossa adolescência, mas o Luiz era apaixonado por ela, então, resolvi deixar o caminho livre para eles, no entanto, nada aconteceu. Depois, comecei a me envolver com a Lana, mas sempre senti que havia algo errado nela, então jamais deixei as emoções tomarem conta do meu racional.

— Que ótimo, meu filho, que você não se deixou envolver por aquela bandida.

— O senhor lembra aquela noite em que fomos no Chicão? Eu estava muito confuso. Na verdade, eu estava com minha cabeça embaralhada por causa da Lana em confronto com o que sempre senti pela Paulinha e ela também estava triste, pois não conseguia se relacionar com ninguém por que não se libertava do que sentia por mim. Com isso, naquela noite, acabamos nos aproximando mais, tão mais que não resistimos a tentação e nos amamos ali no escritório do Chicão.

— Meu Deus, se ele te pega, corta seu membro fora.

— Que nada, papai, acho até que ele desconfiava que isso poderia acontecer, mas nada fez, nos deixou à vontade.

— Vou te revelar um segredo, ele sempre sonhou com o casamento de vocês dois.

— Isso eu não sei, papai, vamos ver o que o futuro tem para nós. Mas na verdade, se dependesse somente de mim, iria falar com a Paulinha agora, mas não quero me precipitar. Vou deixar acontecer e se esse for o nosso destino, estarei preparado.

— Meu filho, pense bem, resolva este impasse o mais breve possível. Não fique adiando suas decisões por não estar convicto. Você mesmo falou que há muito tempo se interessa por ela. Pelo que sei, a recíproca é verdadeira, cabendo a você buscar a resolução disto. – orientou Dr. André.

— Entendi. Vou pensar com calma e verei o que vou fazer.

Pela manhã, Jorge foi fazer uma visita ao delegado.

— Bom dia, Dr. Peixoto!

— Bom dia, Jorge, por favor, entre. – se cumprimentaram com um forte abraço. – O que o trás aqui?

— Acho que tenho uma solução para um problema desta delegacia, ou melhor uma solução para os seus problemas, delegado. – falou Jorge.

— Que ótimo, diga, estou precisando mesmo de soluções para todos meus problemas, principalmente os da delegacia. Diga, por favor.

— O senhor perdeu dois agentes e, pelo visto, os que foram enviados de forma provisória não estão à sua altura. Entrei aqui e não fui parado por ninguém. Estão todos conversando e fingindo que estão trabalhando, como na maioria das delegacias deste país.

— O que eu posso fazer? Infelizmente, as pessoas querem ser policiais pelos privilégios que acreditam que a profissão lhes renda. São pouquíssimos os que realmente querem exercer a função com dignidade e estes, quando percebem como a coisa funciona na maior parte das delegacias, ficam desmotivados e acabam indo para o lado errado ou pedem exoneração.

— Eu sei bem como é, delegado. Por isso mesmo que, ainda não tenho certeza, mas acho que tenho a solução para isso. Talvez eu tenha agentes, da maior competência e confiança, que se interessem em vir trabalhar aqui. Só preciso saber se o doutor estaria de acordo.

— E você ainda me pergunta? Vindo de você eu recebo até o capeta e ainda providencio asas de anjo para ele (riram).

— Então tudo bem. Não estou prometendo nada, mas me passou uma coisa pela cabeça e se der certo, ficará muito feliz, pode ter certeza. Só aguarde o meu contato antes de fazer qualquer pedido na secretaria de segurança pública do Estado.

— Tudo bem, pode deixar, vou aguardar seu contato, afinal, também não tenho muito o que fazer, você sabe como eles tratam delegacias do interior como esta.

Vicente levantou e após um banho, foi até a cozinha, onde encontrou Simone, que estava acabando de arrumar a mesa para o café da manhã e, entretida com seus afazeres, nem reparou que Vicente estava encostado próximo a porta, somente a observando.

Quando se virou, quase trombou com o brutamontes parado na porta.

— Que susto, Vicente, quase me mata do coração. – esbravejou Simone.

— Bom dia para você também. – cumprimentou Vicente de forma debochada – Pode ficar tranquila que de ataque cardíaco você não morre mais. Depois de tudo que passou ainda continua firme e mais brava, está livre deste risco (Vicente riu e Simone, entendendo o comentário, acabou rindo junto).

— Tem razão, me desculpe, mas não me acostumo com esta forma de fantasma que você anda, apesar deste tamanhão, parece flutuar. Senta aí, já vou servir o café que acabei de passar.

— Cadê o seu pai?

— Foi tomar café com o restante dos funcionários e ajudar nos preparativos do churrasco.

— Quer dizer que estamos sós? – questionou Vicente com cara de maroto.

— Sim. Completamente sós, tem alguma coisa em mente além do café? – perguntou Simone, com a mesma cara marota.

— Vem comigo que vou lhe mostrar. – respondeu Vicente, pegando Simone no colo e a levando até o quarto.

Raul e Sueli estavam no galpão onde era o centro de monitoramento, terminando de guardar alguns equipamentos.

— Sueli, preciso muito falar com você. Poderia me dar um pouquinho de atenção e largar estes equipamentos aí? – questionou Raul.

— Seja breve, Raul, ainda temos muito o que organizar por aqui. Não quero perder um minuto da festa. – respondeu, secamente, Sueli, sem olhar para Raul.

— Quando eu falei que gostaria de resolver coisas do passado, estava me referindo a você. Sei que não me esforcei em nosso relacionamento e me arrependo, amargamente, por isso. Não sei o que aconteceu com você depois, mas eu nunca te esqueci e quando te vi aqui, vindo trabalhar ao meu lado, tremi como vara verde, meu coração disparou e, embora tenha tentado disfarçar durante todo o tempo, sei que você percebeu. Não posso e não vou lhe cobrar nada, somente gostaria de que você soubesse do meu arrependimento e dos meus sentimentos por você e se, acaso eu tiver alguma chance para tentar te reconquistar, por favor, me permita fazer isso.

Sueli, após escutar as palavras de Raul, disfarçadamente, enxugou as lágrimas que caiam, olhou para Raul e disse:

— Realmente você tem toda razão. No primeiro percalço resolveu seguir a sua vida sozinho e isso me magoou muito. Você desprezou o que estava sentindo, não se importou com meus sentimentos, simplesmente me abandonou como se abandona um móvel velho.

— Não tenho como contra argumentar, você está totalmente certa, eu sei dos meus erros e, como disse, me arrependo amargamente e vou entender se você não quiser mais olhar na minha cara.

— Está vendo, Raul, qual o seu problema, você aceita tudo muito fácil, não mostra garra quando o assunto é pessoal, não se atira de cabeça e tem medo de se arriscar. Não é isso que eu quero para mim, quero viver um amor por inteiro, com cumplicidade, companheirismo à toda prova. Agora é o seguinte, escute bem, mocinho, não vou repetir nunca mais estas palavras, se você quiser uma nova oportunidade, terá que me convencer que valerá a pena dá-la a você.

Raul sorriu, entendeu o recado de Sueli.

— Pode deixar, Sueli, desta vez não irei nos decepcionar. Eu sei o que quero e vou lutar pelo nosso amor, custe o que custar.

Raul se aproximou de Sueli e a beijou. Ela se entregou aos carinhos e beijos de Raul como se estivesse aguardando este momento há muito tempo.

Quando começou a festa de ação de graças, todos os funcionários, amigos e convidados estavam presentes O Dr. André contratou uma empresa para se encarregar de servir a todos, assim, os empregados não teriam que se preocupar, seriam servidos nas grandes mesas que foram instaladas por todo o espaço.

Houve total preocupação do Dr. André de que todos se sentissem à vontade, muita bebida, comida e como não poderia faltar nestas festas, música e dança.

Todos se divertiram muito. O dia passou muito rápido e a festa continuou por toda a noite, até o início da manhã seguinte, para aqueles que aguentaram. Não houve a menor confusão e apesar da bebida à vontade, ninguém exagerou no consumo, respeitando o local e todos que estavam ali.

Assim que todos se retiraram da festa, a mesma empresa que efetivou os serviços se encarregou da limpeza do local, deixando tudo, novamente, organizado.

Por volta das nove horas da manhã, Jorge saiu do seu quarto de bermuda, camiseta e chinelo de dedos, com uma toalha branca dependurada em seu ombro. Ao ver a cena, Mercedes estranhou, afinal, durante todo o tempo em que Jorge lá esteve, jamais abandonou as velhas calças jeans e o tênis surrado.

— Bom dia, Jorge, levantou cedo, vem tomar café. – falou Mercedes.

— Bom dia, Mercedes, vou sim. Mas só um cafezinho, pois não quero perder tempo, preciso resolver um negócio urgente.

— Nossa, menino, que negócio urgente que você tem pra resolver aqui? Assim você me assusta.

— Sabe aquela vontade de criança? Desde que cheguei aqui estou com uma delas, mas só agora poderei realizá-la. – Jorge tomou o café em uma golada só, até sentiu queimar a língua – deixa eu ir, depois eu conto. – e saiu às pressas. Mercedes ficou rindo sozinha.

Pouco tempo depois, Jorge estava no lago da Cachoeira do Machado, tirou o chinelo, a camiseta e mergulhou de cabeça, ficou submerso por alguns minutos e quando voltou, abriu os olhos, assustou-se, Vicente estava na beira do lago somente observando.

Jorge riu. Realmente o Vicente não tinha jeito, mesmo sendo enorme e desengonçado, conseguia se locomover silencioso, como uma leve brisa.

— O que está fazendo aí parado, Vicente? A água está ótima e sei que você está louco de vontade de fazer o que eu fiz. – gritou Jorge.

Na mesma hora, Vicente também tirou sua camiseta, já estava descalço, mergulhou e foi parar ao lado de Jorge.

— Eu sabia que iria encontrá-lo aqui, chefe. Você tem razão, eu também estava louco para fazer isso, mas também preciso falar contigo.

— Pode falar, Vicente, eu acredito que já até saiba o teor da conversa. Mas diga, meu amigo.

Eles ficaram conversando por muito tempo, dentro e fora d'água, aproveitando o encantamento local, até que decidiram voltar, caminhando juntos.

No final do domingo, Jorge foi procurar Raul e Sueli, pois ele estaria partindo pela segunda de manhã.

— Olá, então, vocês já sabem quanto tempo mais irão precisar para descansarem? Conseguirei mais algum tempo, mas não muito. – falou Jorge.

— Sabe o que é, chefe, eu e a Sueli conversamos e temos um pedido a fazer.

— Raul, como eu disse ao Vicente, até imagino o que seja, mas fique à vontade, meu amigo, pode falar.

Jorge, Raul e Sueli ficaram conversando por alguns minutos, bem mais breve que a conversa que teve com Vicente.

Jorge subiu para o escritório, onde estavam conversando Dr. André, Luiz e João Alberto.

— Com licença, senhores. – falou Jorge na porta do escritório.

Luiz e João Alberto se viraram para trás.

— Entre, Jorge.

— Senhores, vim me despedir de vocês. Amanhã devo sair cedo e, sinceramente, tenho certeza que sairei atrasado. Dormir aqui é revigorante, então ficarei na cama o máximo de tempo possível, portanto, resolvi antecipar esta despedida. – falou Jorge.

— Mas por que você não fica mais um tempo conosco, chefe? – perguntou Luiz.

— Luiz, você sabe como a coisa funciona. Esta decisão não me cabe, mas, aproveitando, conversei com meus superiores e, caso você se interesse, poderá entrar, definitivamente, em nosso quadro de agentes. Este convite também se estende à Julia. Gostaria de falar com ela, mas deixo isso a seus cuidados e aguardarei a decisão de vocês, é só me ligar.

Dr. André e João Alberto tentaram disfarçar a sua tristeza ao ouvirem o convite de Jorge a Luiz, mas não conseguiram.

— Bom, Dr. André e João, obrigado por tudo que fizeram, pela acolhida, pela amizade sincera. Saibam que eu aceito fazer parte desta família e me sinto honrado em ter pessoas como vocês como minha família. Sempre que eu puder estarei aqui e qualquer coisa que precisarem, a qualquer hora, é só me avisarem. – declarou Jorge.

— A recíproca é verdadeira, Jorge. Tenho certeza que falo também pelo João e pelo Luiz. Desde os primeiros contatos com você, percebi que era um homem de bem, apesar de sua profissão conter poucas pessoas com este perfil, o que lhe posso falar por conhecer muitos. Esta minha impressão se confirmou através deste nosso convívio e de suas atitudes. Você é mais do que um amigo, como lhe disse, faz parte de nossa família. Esteja à vontade para vir aqui e permanecer sempre e por quanto tempo quiser. Todos os seus amigos serão nossos amigos, só não posso dizer o mesmo quanto aos inimigos, estes eu deixo só para você (risos). Obrigado por tudo que fez por nós. Não vou dizer em dívida de gratidão, pois seria incomensurável, mas te oferecemos o que temos de mais caro, a nossa mais singela e legítima amizade.

— Obrigado a todos vocês. João, não vou estender o convite que fiz ao Luiz a você, pois não quero ver o Dr. André passar mal (risos), o seu lugar é aqui e te invejo muito por isso.

— Verdade, Jorge, não me vejo em outro lugar senão aqui. – respondeu João Alberto.

— Agora vocês têm conhecimento do que está guardado em suas terras, certamente outros também já sabem, mas estarei monitorando. Qualquer problema, me avisem imediatamente, a qualquer hora, sei que decidirão pelo melhor.

Permaneceram conversando por mais algum tempo, regados a um bom uísque e petiscos preparados por Mercedes. Depois, cada um se recolheu em seu quarto.

Na segunda-feira pela manhã, Jorge se dirigiu a delegacia.

— Com licença, delegado! – falou Jorge.

— Oi, Jorge, bom dia. Entre, fique à vontade, a casa é sua.

— Doutor, recebi informações que o senhor solicitou sua aposentadoria da polícia estadual assim que encerramos o caso, está querendo aposentar mesmo ou só se afastar.

— Eu amo o que faço, mas depois dos últimos acontecimentos fiquei muito decepcionado. Não acredito mais que poderei continuar meu trabalho com a mesma dedicação e amor. Não confio mais nas pessoas que me cercam, claro, com exceções como você. Pensei em tudo que me falou e na possibilidade de me arrumar novos agentes, mas, na verdade, não sei se conseguirei permanecer por mais tempo nesta delegacia.

— Entendi, doutor. Mas e se eu lhe apresentar uma nova perspectiva profissional?

— Como assim? Que perspectiva é essa?

— Desde que começamos a investigar a atuação daquela organização aqui neste país, entendi que necessitávamos estender um braço da polícia internacional. Apresentei um projeto há alguns anos atrás aos meus superiores e ontem recebi uma resposta positiva, me autorizando a implantar um grupo especializado aqui.

— Que ótimo, Jorge, só me preocupo com a possibilidade de conseguirem desvirtuar este serviço. Você sabe como as coisas funcionam por aqui.

— Exato, doutor, por isso mesmo, já indiquei o delegado para chefiar todas operações e já iniciei a montagem da equipe. – Jorge se levantou e pediu para suas companhias entrarem, as quais não haviam sido vistas pelo delegado. – Dr. Peixoto, caso aceite assumir este projeto, esta será sua nova equipe: Vicente, Raul, Sueli e Julia. O senhor irá se aposentar da polícia estadual, mas, em poucos dias, terá uma nova estrutura montada à sua disposição para nos ajudar. Conhece os agentes que estão aqui e posso lhe garantir que são da mais extrema confiança e profissionais inigualáveis. Agora cabe ao doutor decidir. Só tem um problema: estou com duas reservas para o voo a Londres para hoje. Caso o senhor aceite, como espero, teremos que sair correndo. É só o tempo de arrumar a mala e partirmos. O que me diz?

Dr. Peixoto ficou paralisado, jamais pensou em tal possibilidade.

— Jorge, só tenho mais uma pergunta a lhe fazer.

— Faça doutor, mas seja breve, o tempo urge.

— **O QUE ESTAMOS FAZENDO AQUI PARADOS? TENHO UMA MALA PARA ARRUMAR E NÃO TENHO MUITA EXPERIÊNCIA NISSO.** – bradou o delegado entusiasmado. (todos riram)

— Não se preocupe, delegado, já providenciamos isto. Antes de passarmos aqui, a Sueli já se encarregou de preparar sua mala e já está no carro. – falou Raul.

— Não quero nem saber como fizeram isto, falou o delegado sorrindo, vamos embora então.

Jorge e Dr. Peixoto seguiram para Londres.

Ainda pela manhã, Luiz estava tomando café quando Dr. André chegou.

— Bom dia, meu filho.

— Bom dia!

— A Julia está dormindo? – questionou Dr. André.

— Não, papai, ela saiu cedo com o Jorge e o resto da equipe. Mas, que bom que o senhor está aqui, precisamos conversar. – falou Luiz.

O semblante de Dr. André mudou, ficou tenso e triste. – Diga, meu filho, sou todo ouvidos.

— Eu e Julia conversamos muito estes dias. Sabemos que educar os filhos em Londres trará muito mais possibilidades futuras a eles, que tudo lá é diferente, outro mundo, comparado com qualquer cidade deste país. – falou Luiz, o que deixou seu pai ainda mais triste.

— Entendo e não tenho como contestar. – respondeu Dr. André, esperando pela notícia que lhe entristeceria ainda mais.

— Então, mas também sabemos que em nenhum outro lugar do mundo poderemos contar com a sua presença na criação de nossos filhos, poder ofertar a eles tudo que recebemos do senhor, da mamãe, da Mercedes e desta terra abençoada. Estando longe, eles não terão o prazer de manter contato com um tio como o João e que a melhor educação vem de casa. Desta forma, gostaria de saber se o senhor pode me arrumar um emprego em seu escritório ou até mesmo na fazenda?

Dr. André começou a chorar.

— Meu filho, não sei o que dizer, não tenho emprego para te arrumar, pois aquele escritório é todo seu, eu trabalhei todos estes anos para que, quando você estivesse pronto, pudesse assumir todos meus clientes e processos, e chegou a hora. Tudo que você falou quanto estarmos próximos é a mais pura verdade. Somos uma família, vivemos e morremos uns pelos outros se necessário for e aqui seus filhos aprenderão a amar estas terras e este país com a mesma intensidade que você e seu irmão aprenderam a amar. Vocês não têm noção da felicidade que trazem ao peito deste velho pai, amo muito vocês.

Dr. André, em prantos, abraçou Luiz.

Depois que se recompôs, Dr. André questionou Luiz:

— Mas e os seus processos e negócios em Londres, o que pretende fazer?

— Já pensei nisso, papai. Montei uma ótima equipe de advogados em Londres. Conversei ontem à noite por vídeo conferência e ajustamos que eles vão dar prosseguimento ao escritório com todos os processos e clientes e irão me pagar em algumas parcelas e este dinheiro poderemos investir nos negócios da família.

— Nunca é demais investir no próprio negócio, não que seja necessário neste momento, mas você poderá conversar com o João.

João Alberto estava passando próximo ao escritório e começou a escutar a conversa desde o início. Resolveu não ser notado, preferindo permanecer do lado de fora, ouvindo tudo. Ao final, seu coração também se encheu de alegria, Luiz havia tomado a decisão correta, Luiz amadureceu.

Percebendo que tudo estava se acertando, pensou que agora poderia ser sua vez de resolver as pendências e vencer seus receios, entrou em sua caminhonete e foi para o Restaurante do Chicão, ou melhor Restaurante dos Heróis.

Chegando lá, a primeira coisa que notou é que o letreiro havia mudado. O restaurante passou a se chamar "**RESTAURANTE DOS HERÓIS**", em madeira talhada, uma obra de excelente qualidade e muito chamativa, com dois holofotes apontados para ele, sorriu.

Quando entrou, percebeu que somente os funcionários estavam no salão. – Bom dia! — cumprimentou João Alberto, todos responderam cordialmente. – Cadê o Chicão e a Paulinha?

— O Chicão deu uma saída, parece que foi buscar mais verduras para o almoço e a Paula está lá nos fundos. Quer que eu vá chama-la? – respondeu um dos funcionários.

— Não, obrigado, pode deixar, vou lá falar com ela. – João Alberto foi para o escritório do restaurante.

Chegando à porta, percebeu que Paula estava lendo algo em uma folha. Ao vê-lo, Paula largou o papel e foi ao encontro de João Alberto, mas, embora feliz, demonstrava uma certa preocupação em seu semblante, o que foi notado por João Alberto.

— O que houve, Paulinha, está preocupada?

— Não é nada não, coisas do dia a dia. Mas que ótima surpresa, João, o que o trás aqui?

— Você sabe que não sou muito bom as palavras, então tentarei ser breve e direto. Por favor, deixe eu terminar de falar, senão vou empacar e não vai sair mais nada.

— Tudo bem, pode falar, sou toda ouvidos.

João Alberto respirou fundo por diversas vezes, embora as palavras viessem a sua mente, teimavam em não saírem de sua boca e isso foi deixando Paula agoniada.

— João, pelo amor de Deus, homem, fale logo. Está me deixando angustiada, o que tem de tão importante para falar que precisa de todo este tempo?

João Alberto respirou fundo novamente, olhou profundamente nos olhos de Paula e perguntou:

— **VOCÊ QUER SE CASAR COMIGO?**

Paula se sentou. Não acreditava no que estava ouvindo, quase desmaiou. João Alberto ficou paralisado, esperando a pior resposta que poderia ter.

Então Paula se levantou, olhou nos olhos de João. A impressão do rapaz era de que Paula, se pudesse, iria metralhá-lo e ficou ainda mais assustado.

— Seu idiota! – falou Paula com um semblante bravo – Isso é pergunta que se faça? Precisava de todo este tormento para me perguntar isso? Eu sonho com isto todos os dias de minha vida, claro que eu aceito. – Paula abraçou e beijou João Alberto intensamente.

João Alberto não se continha de felicidade. Quando Paula respondeu ao pedido de João Alberto, ouve uma intensa gritaria de comemoração. Ao olharem para trás, viram que todos os funcionários do restaurante estavam na porta, ao lado de Chicão, que chorava como criança.

Não se contendo, Chicão correu e abraçou os dois. – Que Deus abençoe vocês, não sabem o quanto eu torci para isso acontecer, eu amo vocês dois. – falou Chicão, completamente tomado pela emoção.

— Calma, pai, não vai passar mal, hoje não é dia de ir para o hospital, hein. – alertou Paula.

— Falando em hospital, minha filha, você já deu a notícia para ele? – perguntou Chicão.

— Fica quieto, pai, ainda não, mas depois eu falo.

— Que notícia, Paulinha? – questionou João Alberto, intrigado.

— Puxa, pai, o senhor estragou tudo, mas tudo bem. – Paula pegou a folha que estava lendo e entregou para João Alberto – Leia você mesmo João.

— O que é isso, resultado de exame de gravidez? É seu? Você está grávida? – questionou João Alberto.

— Não, é do meu pai, ele está grávido, olha o tamanho da barriga dele. – respondeu Paula de forma sarcástica.

— Você não está brincando comigo, né, Paulinha? Quer dizer que eu também serei pai?

— Eita, João, será que terei que desenhar? Você será pai sim, e pelo resultado, será pai duplamente. – esclareceu Paula com um sorriso largo no rosto.

João Alberto abraçou Paula, quase a esmagando. Gritava e pulava como criança. Todos os funcionários começaram a festejar juntamente com Chicão, Paula e João.

— Mas desde quando você sabia? – questionou João Alberto.

— Lembra quando vocês vieram visitar o meu pai e eu falei que não estava legal? Já havia passado com o Dr. Cícero e fiz alguns exames, o resultado saiu rápido e ele me confirmou. – respondeu Paula.

— Então quando estive aqui você já sabia?

— Nossa, João, como você está lento hoje, claro que sim.

— E por que você não me falou nada?

— Não senti que era o momento, só isso. Mas eu iria lhe falar, ao menos pretendia, porém estava em dúvida, não queria correr o risco de pensar que você poderia ficar comigo somente pelas crianças. Mas agora que você já me pediu em casamento, mesmo antes da notícia, tudo bem, agora seria a hora certa (risos).

— Precisamos nos preparar, temos que ir ver o enxoval e estas coisas, montar o quarto... – João começou a falar sem parar.

— Calma, João, isso ainda tem muito tempo, agora vamos comemorar – falou Chicão, puxando João Alberto pelo braço.

Chicão abriu a garrafa da melhor cachaça, serviu uma dose para todos, com exceção da Paula, que ele não deixou beber sob o pretexto desta estar gestante.

Depois de comemorarem um pouco, Paula encerrou as festividades:

— Tudo bem, pessoal, obrigada pela comemoração, mas hoje é dia de trabalho, ainda temos muito a fazer e daqui a pouco os cientes estarão chegando morrendo de fome. – João, é melhor você ir embora, também deve ter muito que fazer. À noite você volta e conversaremos com mais calma. Se você ficar mais tempo aqui, terei que carregar você e o meu pai para dentro e, neste estado, não posso fazer tanta força.

— Você tem razão, Paulinha, vou dar a notícia em casa, depois eu volto. – João Alberto beijou Paula, despediu de Chicão e saiu apressado.

João Alberto retornou a fazenda e chegou buzinando, o que chamou a atenção de todos. Seu pai, Luiz, Julia e Mercedes foram até a varanda ver o que estava acontecendo.

Viram quando João Alberto saiu do carro sorrindo, todo eufórico, acalmaram-se.

— O que está acontecendo, menino? – perguntou Mercedes.

João Alberto lhe abraçou e beijou, carinhosamente, na face.

— Que bom que estão todos aqui, assim posso dar a notícia de uma vez só. – falou João Alberto.

— Fale logo, João, que bicho te mordeu? – perguntou Luiz.

— Bom, são duas notícias. A primeira é que vou me casar.

Todos se alegraram. – Parabéns, meu filho, teve coragem de pedir a mão de Paula em casamento, não é? – perguntou Dr. André.

— Sim, meu pai, e ela aceitou.

Todos o abraçaram e felicitaram.

— Tá, mas você falou que tem outra boa notícia. – falou Julia – não vá me dizer que ela também está grávida?

João Alberto fechou o semblante. Aguardou alguns segundos, todos ficaram na expectativa, Julia até chegou a se arrepender de ter perguntado.

— Papai... – falou João Alberto, pausadamente, aumentando ainda mais a expectativa de todos. – O senhor não terá mais dois netos e sim quatro, a Paulinha também está grávida de gêmeos....

Os gritos de euforia eram ouvidos por toda a fazenda. Abraços, beijos e tudo mais que se espera em uma comemoração familiar.

Logo após as comemorações iniciais, Dr. André ligou para seu amigo Chicão. Estavam em estado de êxtase. Combinaram de se encontrarem na fazenda ainda naquela noite, pois muito tinham a combinar e comemorar.

No início da tarde, Dr. André, andando pela fazenda, encontrou Antônio e parou para conversar, como era de costume.

— Boa tarde, Antônio!

— Boa tarde, Dr. André, que gritaria foi aquela?

— Nossa, Antônio, recebi duas notícias que me valeram o resto de minha vida em alegria. Luiz vai se casar com a Julia e será pai de gêmeos e o João vai se casar com a Paulinha e também será pai de gêmeos. Daqui a algum tempo terei quatro netos correndo por toda esta fazenda.

— Parabéns, Dr. André, que Deus abençoe grandemente. Estou muito feliz com esta notícia, vai ser muito bom ver crianças correndo por aqui novamente, afinal, já faz algum tempo que não temos isto. As crianças daqui cresceram e foram atrás do futuro e os que aqui estão não me parece que querem muito esta responsabilidade.

— Você tem razão, meu amigo. Vai ser muito bom termos, novamente, crianças correndo e brincando por aqui. Agora, mudando um pouco a proza, não vi mais a Simone. Me tira uma dúvida, eu percebi que ela e o Vicente estavam assim, meio próximos, estou certo ou foi impressão minha?

— Não foi impressão não, eles estão juntos sim. Eu faço de conta que não estou percebendo, mas estou observando tudo e faço gosto, o Vicente é um excelente homem e tenho certeza do que ele sente pela Simone é verdadeiro. Ficarei muito feliz se eles resolverem se casar.

— Então, Antônio, façamos o seguinte, se eles resolverem se casar você me avise. Se for rápido, poderemos fazer uma festa só para o casamento dos três, João, Luiz e da Simone, caso demore um pouco, eu me responsabilizo pela festa do casamento dela.

— Obrigado, meu amigo, aceito sua proposta porque sei que você não aceitaria não como resposta. Vou especular, mas caso eles falem alguma coisa de casarem rápido eu posso dar a notícia a eles?

— Claro que sim. Será maravilhoso termos uma festa de três casamentos em um único dia aqui. Tenho certeza que mais da metade da cidade virá para cá, voltaremos aos tempos em que a Lurdes estava viva. Ela adorava fazer grandes festas.

— Eu me lembro, eram festas maravilhosas, todos adoravam a Dona Lurdes e não era pelas festas, mas sim, todos vinham por ela, muito querida em toda cidade.

— Estas lembranças ainda me causam saudade, qualquer coisa você me avise.

— Está bem, até.

Durante os dias e semanas subsequentes não se via outra coisa além da saída e chegada de carros, bem como caminhões e vans de entrega. Eram dormitórios de casal, de crianças, roupas de cama e tudo mais que envolvia o nascimento dos netos do Dr. André e dos futuros cônjuges, misturados com todos os preparativos para os casamentos.

Enfim, depois de muito trabalho e preparativos, chegou a grande data, o acontecimento do ano na Fazenda São Jerônimo. Dr. André estava irradiante, eufórico, seus dois filhos iriam se casar no mesmo dia, ali, no mesmo local onde nasceram e foram criados, onde brincavam e corriam.

No início da tarde, com tudo pronto, os convidados começaram a chegar. Eram caravanas de todas as partes da cidade, amigos e conhecidos de outras cidades, Estados e Países, todos muito bem acomodados e bem servidos.

Atendendo aos pedidos de Paula, a solenidade do casamento seria realizada pelo padre local, acompanhado do Juiz de Paz da cidade, amigo pessoal do Dr. André.

Foi instalado um altar em frente as escadas que davam acesso ao Casarão. Estava coberto com uma toalha de renda branca, enviada pelo Bispo, exclusivamente para a ocasião. Flores adornavam o altar e seu fundo, que contava com uma estrutura de madeiras maciças e cobertura de sapé, muito rústica, mas de encher os olhos pela graça e beleza.

Um corredor, por onde passariam os noivos, formado por plantas ornamentais cultivadas e extraídas da própria Fazenda, formando quatro colunas de bancos de madeira de cada lado, onde se aconchegaram os convidados para acompanhar a cerimônia.

Todo o local onde permaneceriam os convidados contava com cobertura em forma de meia lua, com os pilares de madeira e teto em acrílico transparente, adornado com flores brancas e amarelas.

Para evitar qualquer desconforto às noivas, foi estendido um enorme tapete verde que levava diretamente ao altar, coberto com pétalas de rosas vermelhas e brancas.

Ao revés do que acontece em eventos como este, onde se encontram personalidades, políticos e autoridades, Dr. André fez questão de reservar o primeiro banco ao Dr. Peixoto, Dr. Cícero e esposa, Jorge e Raul.

Com os convidados devidamente acomodados e dentro do horário programado, soaram duas trombetas, que anunciavam o início da cerimônia.

Os músicos começaram a tocar Chalana, de Almir Satter, somente instrumental, música esta que era a preferida de Dona Lurdes e os noivos começaram a entrar.

Primeiramente, entraram João Alberto e Luiz, de braços dados com Mercedes, que os acompanhou até o altar.

Os dois jovens estavam vestidos com terno marrom de couro, botas e chapéu. Estavam simples, mas muito elegantes e descontraídos, homenageando suas raízes. Mercedes, estava irradiante, trajando um vestido florido em tom verde claro e um chapéu branco com flores ornando com os detalhes do vestido.

Ao final da entrada dos irmãos, a música parou, iniciou-se uma nova, o tema do filme Poderoso Chefão, quando entrou Vicente, acompanhado de Sueli.

Vicente estava trajando um terno preto, com um cravo vermelho na lapela, camisa branca e gravata também vermelha, muito elegante, acompanhado de Sueli, que também estava com vestido florido, no entanto, na cor rosa e um chapéu branco com flores ornando com os detalhes do vestido.

Os noivos ficaram aguardando, ansiosos e sorridentes, próximos ao altar.

Iniciou-se a marcha nupcial, as noivas começaram a entrar. Primeiro, entrou Paula, acompanhada por Chicão, depois entrou Julia, acompanhada pelo próprio Dr. André e por último entrou Simone, acompanhada por seu pai Antônio.

As três estavam com vestidos muito parecidos, brancos e compridos, no estilo sereia. Poucos detalhes nos vestidos eram diferentes, mas as três estavam lindas, deslumbrantes e absurdamente felizes.

A cerimônia seguiu perfeitamente, o dia estava lindo e, como um presente divino, a temperatura era amena, o que trouxe a todos uma agradável sensação de bem-estar.

Ao término, todos se dirigiram para os locais onde seria realizada a grande festa. Inúmeras fileiras de costelas estavam sendo assadas através da fogueira de chão, mesas enormes continham os mais variados petiscos e comidas locais. Outra ala servia bebidas alcoólicas, sucos naturais, água e refrigerantes.

Músicos, duplas sertanejas e grupos dos mais variados estilos se revezavam, garantindo a dança e a alegria, a diversão era contínua e contagiante.

A festança durou até o início da manhã seguinte, quando os últimos convidados se retiraram, cabendo as empresas contratadas reestabelecer o local, desmontando toda a estrutura e efetivando a limpeza.

Somente no início da tarde é que Dr. André e os noivos resolveram sair de seus aposentos. João Alberto e Luiz se encontraram na varanda, os dois com aquela conhecida cara de ressaca, exaustos, porém, inegavelmente se reconhecia a felicidade em cada olhar.

— Boa tarde, meu irmão! – saldou Luiz.

— Boa tarde, Luiz. – respondeu João Alberto – Desta vez papai se superou, hein?

— Nem me fale, João, esta festa vai ficar para sempre na lembrança de todos. O mais impressionante é que, apesar da quantidade de pessoas, comida e bebida, não houve qualquer problema ou confusão, foi tudo perfeito.

— Tem razão, Luiz, foi tudo perfeito. Mas, me diz uma coisa, meu irmão, o que você está pretendendo fazer?

— Eu conversei com o papai um tempo atrás. Vou assumir o escritório, processos e clientes dele, mas não quero só isso. Eu sei que você sacrificou sua vida e a continuidade de seus estudos por mim, então, também quero te ajudar em tudo que for necessário aqui na fazenda.

— Você não sabe quanto esta notícia me alegra. Estava receoso de que você poderia considerar o convite do Jorge e ir embora novamente.

— Chega de aventura em minha vida, João. Tenho certeza que já vivi todas emoções que poderia. Agora é me preocupar com a Julia e os rebentos que estão por vir. Tudo que aprontei e passei nesta vida vieram a me mostrar o quanto eu preciso disto aqui, de vocês, desta vida. Meu único pesar é ter demorado tanto para enxergar, mas Deus foi misericordioso comigo, meu irmão, me concedendo mais uma oportunidade e, desta vez, não vou desperdiçar.

— E quanto a Julia? Não há problemas para ela em ficar aqui?

— Que nada, João, ela está eufórica, sempre sonhou em morar no campo. Imagina agora que tem a possibilidade de morar em uma fazenda e poder criar nossos filhos em um lugar como este?

— Maravilha, Luiz!

— Bom dia, meninos! Saudou o Dr. André.

— Bom dia, papai, sua benção. – responderam os dois filhos.

— Que Deus os abençoe meus filhos. Como estão? O que acharam da festa?

— Estávamos exatamente conversando sobre isso papai, respondeu João Alberto, foi tudo perfeito, lindo, sem palavras para descrever. Vai ficar para a história da cidade e tenho certeza que todos que aqui estiveram saíram felizes e satisfeitos, foi demais!

— E minhas filhas? Gostaram?

— Nem precisava perguntar, papai. – respondeu Luiz – tenho certeza que elas foram as que mais aproveitaram. O senhor não viu como dançavam e cantavam o tempo todo, juntas, como se fossem velhas amigas ou até irmãs?

— Tem razão, Luiz, reparei sim, e isto me trouxe ainda mais alegria. Só peço a Deus que assim se mantenha.

Paulinha e Julia também chegaram à varanda, sentaram-se e participaram da conversa, que durou por um longo tempo. Todos estavam exaustos, porém, inebriantemente felizes.

CAPÍTULO 33

Passaram-se alguns meses. Paulinha, Julia e Simone, com suas barrigas formosas e cheias de vida, aguardavam o momento do parto, no entanto, mantiveram-se ativas.

Paulinha continuou trabalhando com Chicão, no Restaurante dos Heróis, Simone continuou trabalhando ao lado de Mercedes, porém, passou a assumir maiores responsabilidades, já que assumiria o controle do Casarão.

Dr. Peixoto assumiu o comando de todas operações da polícia internacional no continente sul-americano, contando com Julia, que ficou responsável pela inteligência das investigações. Sueli e Raul com toda parte de monitoramento e Vicente se manteve como agente de campo, mas passou a condição de líder de equipe, que foi formada por ele, o que resultou em viagens esporádicas, principalmente internacionais, bem como, uma maior segurança nas operações.

Com Luiz à frente do escritório, Dr. André passou a ter mais tempo para se dedicar a outras atividades, principalmente pescaria com Antônio e Chicão, bem como visitas a eventos e leilões envolvendo gado e equinos, suas paixões.

O tempo passou rapidamente.

Dr. André se encontrava na varanda, absorvido por lembranças da época em que ajudava seu pai a formar tudo aquilo que se perdia em sua vista. Tempos difíceis e de muito labor, de quando conheceu sua amada e falecida esposa Lurdes, de seus dois filhos, Luiz e João Alberto, brincando em frente ao casarão.

Porém, não se mantinha mais somente em lembranças. Com um sorriso no rosto observava Miguel, Juliana, Matheus, Marcos e a pequena Esther (filha de Simone e Vicente) brincando no pátio em frente ao casarão, seus netos, os quais dariam continuidade à vida naquele lugar.

"Os caminhos estão aí, na frente de todos, sendo constituídos por cada passo e sem tempo certo para acabar. Cada caminho vai sendo moldado de acordo com o seu 'caminhador', para alguns, que não buscam o melhor para si e para seu próximo, fazem a travessia sem alegria e amor, a estrada será íngreme e cheia de obstáculos, no entanto, se a travessia é feita amparada pelo "Pai" e pela Lei Divina, esta será mais alegre e sem percalços, pois terá o apoio dos seres de Luz e a diligência de nosso Pai Eterno".

(Pai Sebastião de Aruanda)

FIM